21世纪高职高专化学化工类规划教材

HUAGONG SHITU YU HUITU XIANGMU RENWU SHU

《化工识图与绘图》项目任务书

主编　王晓莉

中国海洋大学出版社
·青岛·

图书在版编目(CIP)数据

《化工识图与绘图》项目任务书/王晓丽主编. 一青岛:中国海洋大学出版社,2010.10(2021.8 重印)
21 世纪高职高专化学化工类规划教材
ISBN978－7－81125－499－0
Ⅰ.①化… Ⅱ.①王… Ⅲ.①化工设备一识图一高等学校:技术学校一教学参考资料②化工机械一机械制图一高等学校:技术学校一教学参考资料 Ⅳ.①TQ050.2

中国版本图书馆 CIP 数据核字(2010)第 200520 号

出版发行	中国海洋大学出版社		
社　　址	青岛市香港东路 23 号	**邮政编码**	266071
网　　址	http://pub.ouc.edu.cn		
电子信箱	xianlimeng@gmail.com		
订购电话	0532－82032573(传真)		
责任编辑	孟显丽	**电　　话**	0532－85902533
印　　制	日照报业印刷有限公司		
版　　次	2010 年 10 月第 1 版		
印　　次	2021 年 8 月第 5 次印刷		
成品尺寸	185 mm×260 mm		
印　　张	8.25		
字　　数	190 千字		
定　　价	26.00 元		

“21世纪高职高专化学化工类规划教材”
编写指导编委会

《化工识图与绘图》项目任务书编委会

主　编　王晓莉

副主编　王安平　左常江　高荣华　王玉芝

编　委　耿瑞芝　郑宪斌　辛策花　王映华　高红莉

前　言

本书是《化工识图与绘图》的配套教材。

本项目任务书依据应用化工专业人才培养方案要求，针对高职高专院校学生的实际情况，选择与教材配套的项目任务进行编排。按照90～120学时编写，适合于高等职业院校化工类相关专业使用。

本项目任务书虽然保留了传统制图习题集的结构特点，但是在以下几方面进行了改进：

（1）充分体现行动导向、项目引导、任务驱动的课程设计思想，突出理论和实践一体化教学理念，重点围绕化工图样内容进行制图理论和技能的介绍与训练。

（2）与教材内容配套，采取并行项目引导，对应技能培养选择相关任务驱动，进行理论与能力的学习与训练。

（3）为满足学生考取绘图员职业资格证书的要求、拓宽学生的就业范围，本任务书增加了一些与CAD绘图员考试的相关内容，设置了大量绘图题目，将CAD基本操作融入大量图例的实训中，以使学生通过正常的制图课程的学习，满足职业技能考试的需要。

（4）突出化工类高职教育特色，增加了化工专业图样的内容，以满足应用化工及化工机械专业的需求。

（5）任务书中的图形，全部采用计算机绘制和润饰，大大提高了图形的准确性和清晰度，进而提高了本书的质量。

参加编写的有王晓莉、王玉芝、郑宪斌等老师，全书由王晓莉统稿和定稿。在编写过程中，得到了制图教学团队各位老师的大力支持，在此表示衷心感谢。

由于我们水平有限，书中难免有错漏之处，欢迎广大师生提出批评意见和指导建议，并恳请及时反馈给我们（E-mail: zyxywxl@126.com）。

编者

2010年9月

目　次

工程图纸上的字体应做到：笔画清晰、字体工整、排列整齐、间隔均匀

长仿宋字的书写要领是：横平竖直、注意起落、结构匀称、填满方格

机	械	制	图	校	核	审	定	比	例	技	术	要	求	姓	名	材	料	班	级

班级：　　学号：　　姓名：　　审阅：

螺	钉	磨	轴	槽	杆	簧	件	管	序	号	其	余	旋	转	箱	阀	栓	钢	旋

班级： 学号： 姓名： 审阅：

A B C D E F G H I J K L M N O P Q R S T U V W X Y Z

a b c d e f g h i j k l m n o p q r s t u v w x y z

班级： 学号： 姓名： 审阅：

ABCDEFGHIJKLMNOPQRSTUVWXYZ

abcdefghijklmnopqrstuvwxyz

班级： 学号： 姓名： 审阅：

0 1 2 3 4 5 6 7 8 9 *0 1 2 3 4 5 6 7 8 9*

班级： 学号： 姓名： 审阅：

1.在指定位置抄画各种类型的图线。

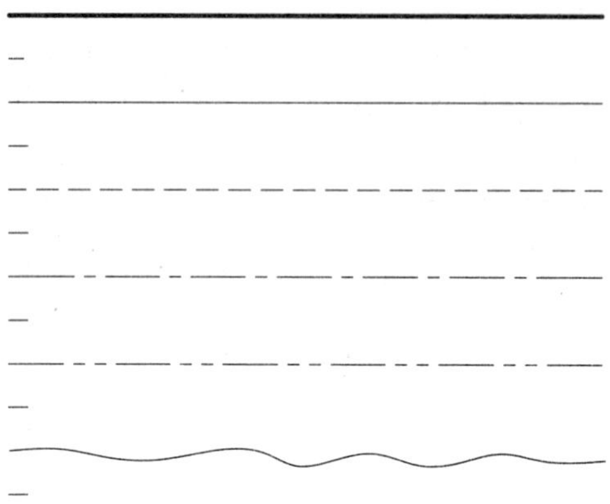

2.以O为圆心，从小到大依次画出粗实线圆、虚线圆、细点画线圆。

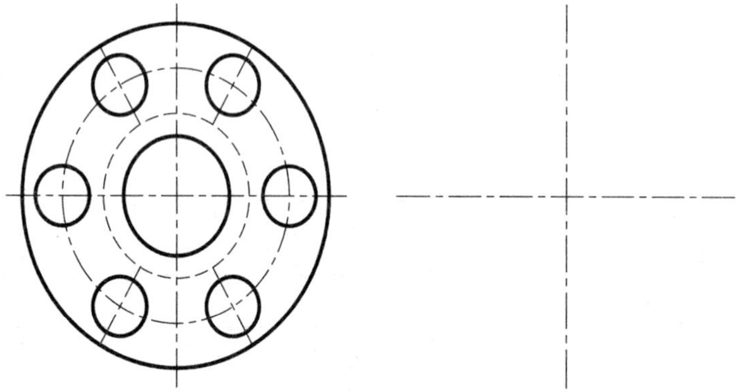

3.完成下列图形中左右对称的各种类型的图线。

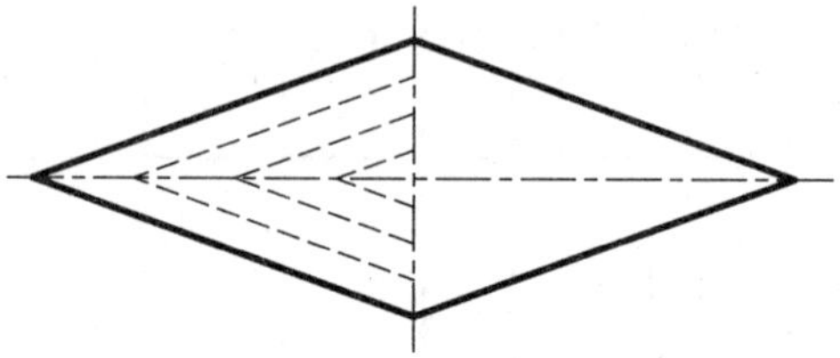

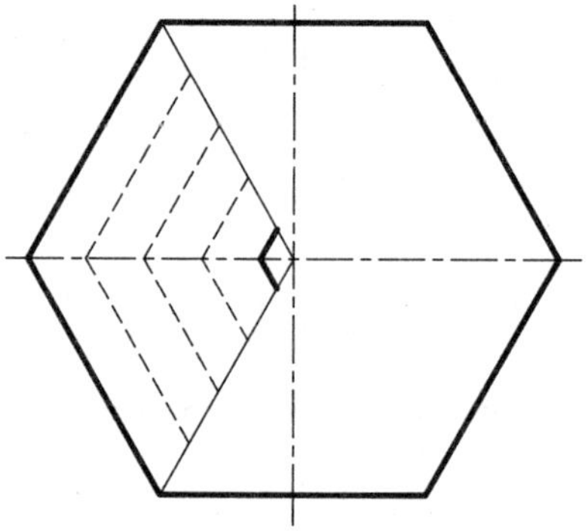

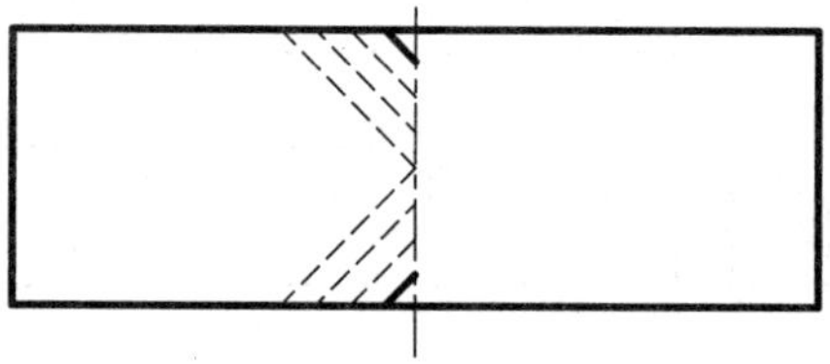

班级：　　学号：　　姓名：　　审阅：

任务指导

(一)目的

熟悉图幅、图线、字体及图框、标题栏的制图标准，了解常用绘图工具的正确使用。

(二)内容与要求

（1）选用A4图纸，竖放，比例自定，图名为线型练习。

（2）绘制出图框和标题栏，并按图例所示绘制出各种图线（不标注尺寸）。

（3）严格遵守国标中有关制图的基本规定，做到字体工整，同类型的图线粗细、深浅一致。

(三)作图步骤及提示

（1）首先鉴别图纸正反面，固定图纸。

（2）画底稿（用2H或H铅笔，一律用细线）。先画出图框线，按照学生标题栏格式，再按图例尺寸做图，图面布置要均匀（要留出标注尺寸的地方），画同心圆时，应先画小圆后画大圆。底稿线要轻而细，做图要准确。

（3）检查底稿，修正错误，擦去多余图线，整理图面。

（4）描深图线（用B或2B铅笔）。按规定的线型描深粗线，从左到右描深水平方向的，从上到下描深竖直方向的，最后描深倾斜方向的。

（5）填写标题栏，要用长仿宋字字体，其中图名、校名用10号字，其余均用5号字书写。

（6）在整个做图过程中，时刻都要注意图面整洁。

(四)图例

图例见右图。

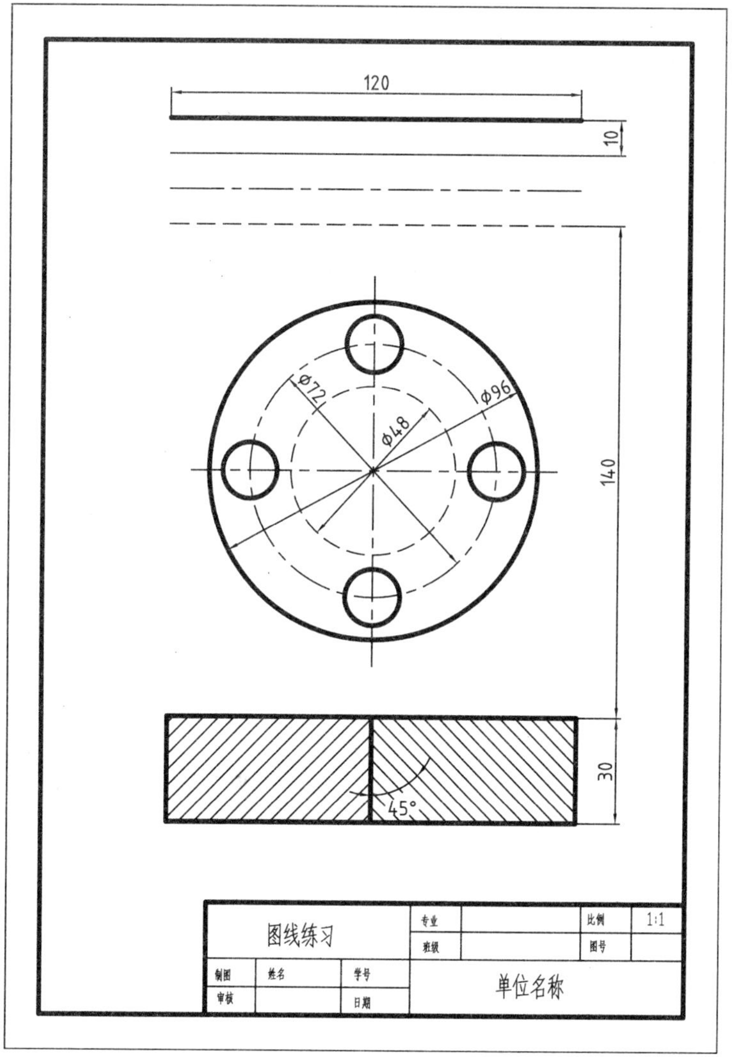

班级： 学号： 姓名： 审阅：

1.启动AutoCAD，按照下面要求建立X型A3图纸样板文件。要求：

（1）新建一个“Gb-a3-Named Plot Style.dwt”样板文件；
（2）将绘图区转化为黑色；
（3）修改标题栏内容，由表A修改为表B；

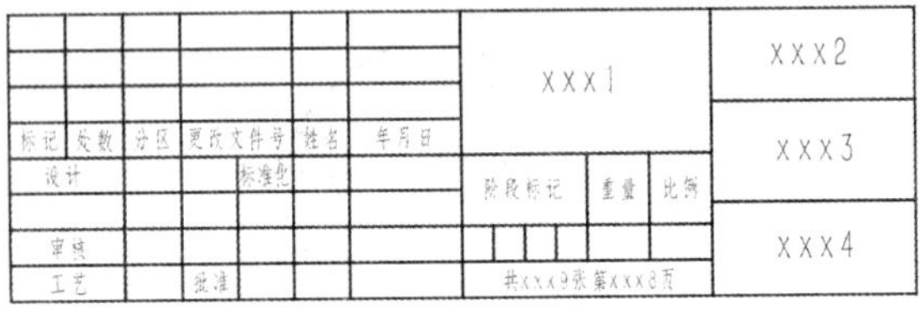

XXX1
XXX2
XXX3
XXX4
标记 处数 分区 更改文件号 姓名 年月日
设计 标准化
审核
工艺 批准
阶段标记 重量 比例
共XXX9张 第XXX8页

A.原标题栏

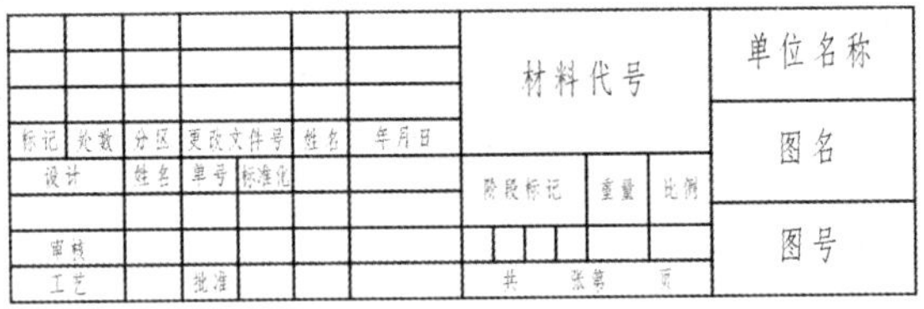

材料代号
单位名称
图名
图号
标记 处数 分区 更改文件号 姓名 年月日
设计 姓名 单号 标准化
审核
工艺 批准
阶段标记 重量 比例
共 张第 页

B.修改后标题栏

（4）用“视图—缩放—范围”菜单命令将图框全屏显示；
（5）将设置完的文件以“A3.dwg”为文件名保存在适当位置。

2.打开“A3.dwg”文件，按照下表提示修改原有图层；

原图层名	修改为	颜色	线型	线宽
图框内框线	粗实线	蓝→白	Continuous	0.5→0.7
图框外框线	细实线	白→青	Continuous	默认（0.25）
无	细点画线	红	Center	默认
无	细虚线	品红	Dashed	默认
无	尺寸线	黄	Continuous	默认

点击“文件—保存”，快速保存“A3.dwg”模板文件。

班级：　　学号：　　姓名：　　审阅：

1.启动AutoCAD，按照下面要求建立X型A4图纸样板文件。

要求：

（1）新建一个“acad.dwt”样板文件；

（2）设置图纸幅面为A4（矩形297×210*）；

（3）建立下表所列图层：

序号	图层名	颜色	线型	线宽
1	粗实线	白	Continuous	0.7
2	细实线	绿	Continuous	默认（0.25）
3	细点画线	红	Center	默认
4	细虚线	品红	Dashed	默认
5	尺寸	黄	Continuous	默认

（4）在细实线层用Line（直线）或Rectang（矩形）命令画出外框线；

（5）按照国家标准要求在粗实线层上画出图纸内框线（留装订边）；

（6）用“视图—缩放—范围”菜单命令将图框全屏显示；

（7）将设置完的文件以“A4.dwt”为文件名保存在适当位置。

*尺寸单位为毫米（mm），下同。

2.打开“A4.dwt”文件，设置一种汉字体，选择“T仿宋GB:2312(字宽比例0.7)”，按照国家标准要求，在规定位置按照下列格式画出标题栏，注写文字。

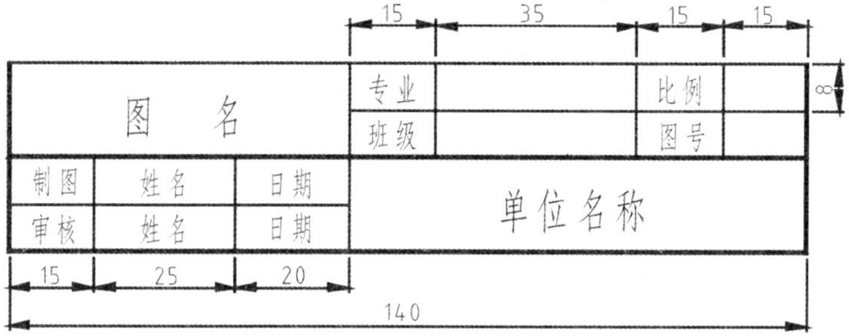

点击“文件—另存为”，以“A4.dwg”为文件名保存在适当位置。

班级：　　学号：　　姓名：　　审阅：

1.在指定位置处，根据图中尺寸抄绘下列图形（比例自定）。

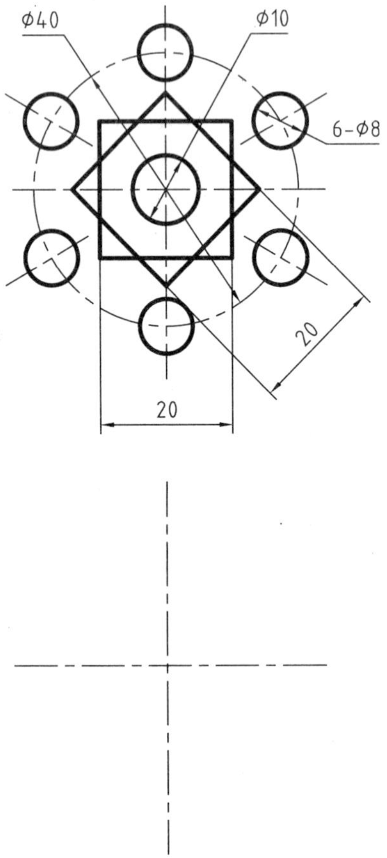

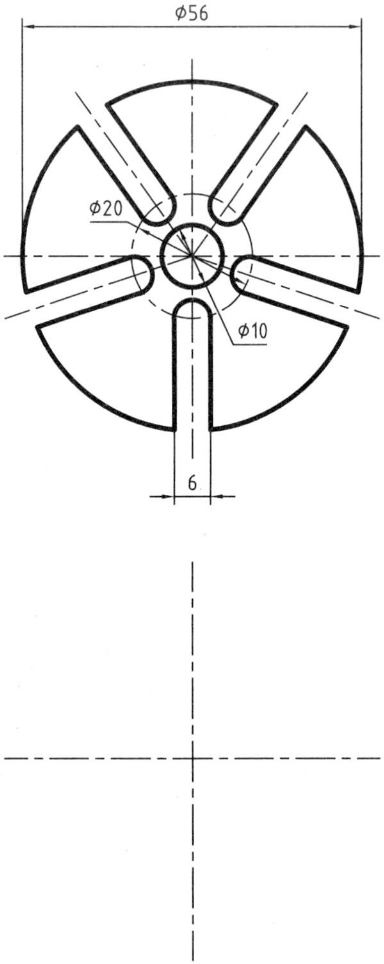

班级：　　学号：　　姓名：　　审阅：

2.参照已给出的图形，在指定位置处完成该图，并标注尺寸，比例为1:1。

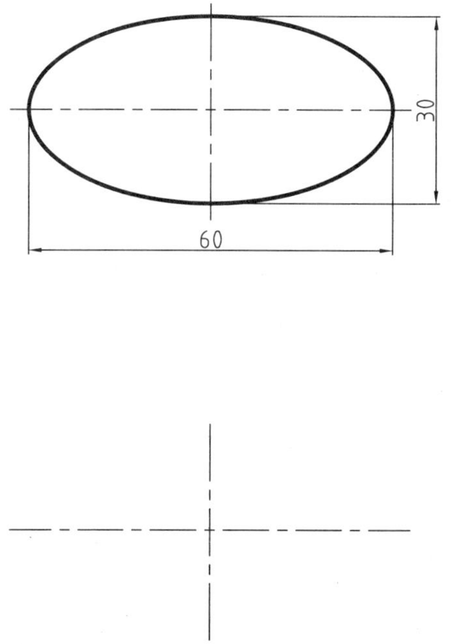

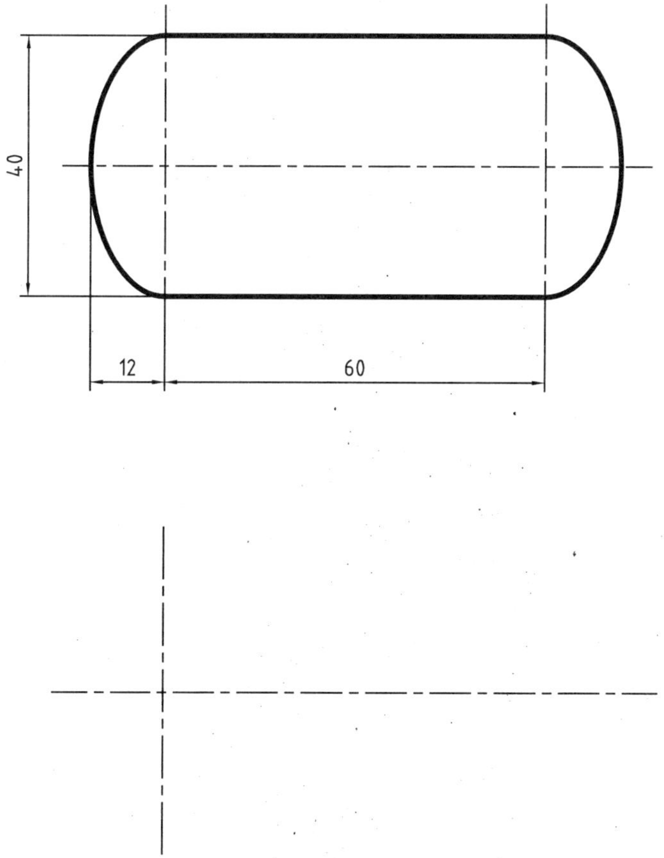

班级：　　学号：　　姓名：　　审阅：

3.根据图例所示尺寸，完成下列图形中的线段连接，并标注出圆心和切点比例1:1。

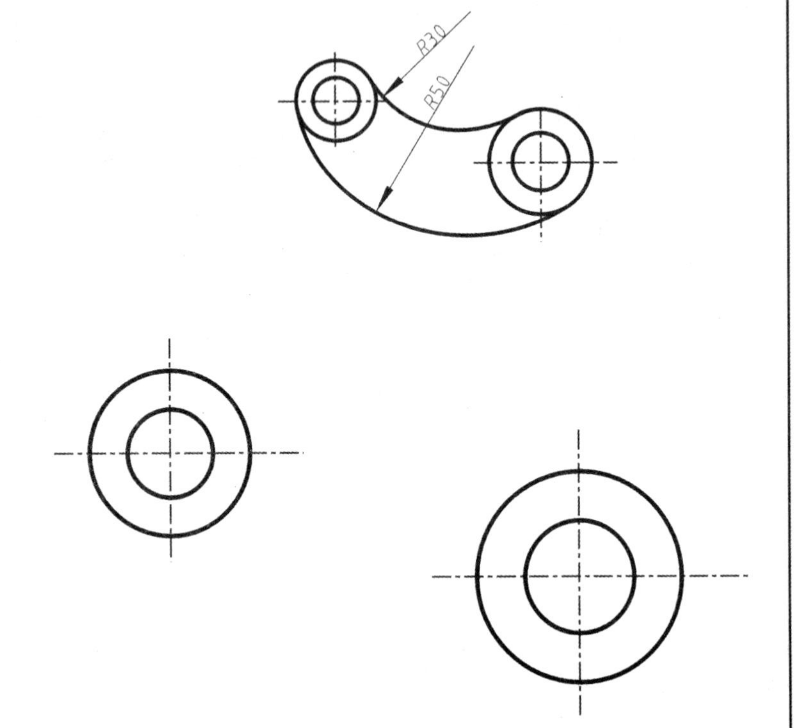

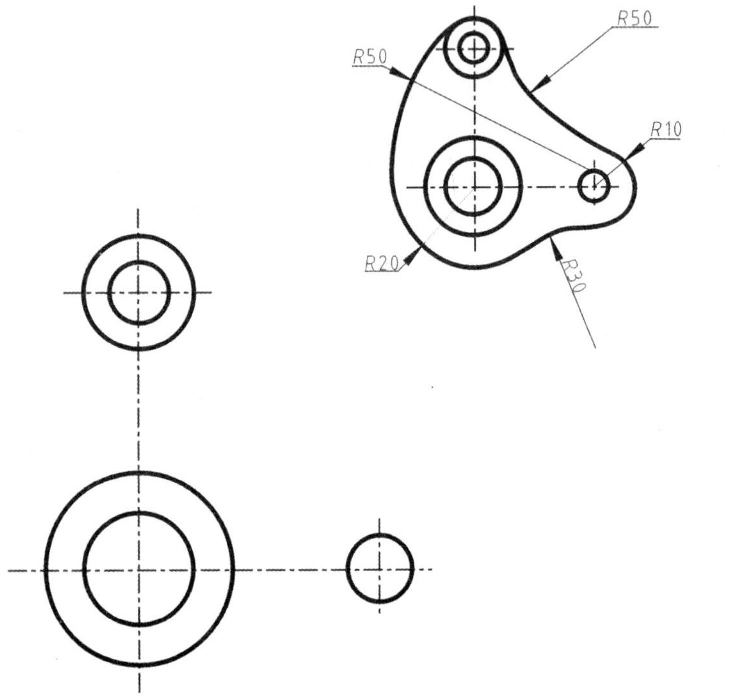

班级： 学号： 姓名： 审阅：

任务指导

(一) 目的

掌握平面图形的尺寸分析、线段分析及绘图步骤；掌握线型规格及线段连接技巧；练习尺规做图，进一步熟悉国家制图标准。

(二) 内容和要求

（1）按图例中图形的尺寸，抄绘平面图形。

（2）选用A3图纸，比例1∶1，图名为平面图形。

（3）严格遵守国标中有关图幅、图线的规定，要求全图中箭头大小应一致，同类型图线粗细、深浅要一致。不需要标注尺寸。

(三) 作图步骤及提示

（1）分析图形尺寸，确定做图步骤。

先画已知线段，再画中间线段，最后画连接线段。将连接点（切点）和连接弧中心标出，便于描深时用。

（2）画底稿，先画出图框及标题栏，再画做图基准线，接着依次画出已知线段、中间线段、连接线段，图面布置要合理、匀称，底稿线要轻而细，做图要准确。

（3）检查底稿，修正错误，整理图面。

（4）按规定的线型描深图线，同类型的图线粗细、深浅一致。按“先粗后细、先曲后直，先水平后垂直倾斜”的顺序描深。

(四) 图例

图例见右图。

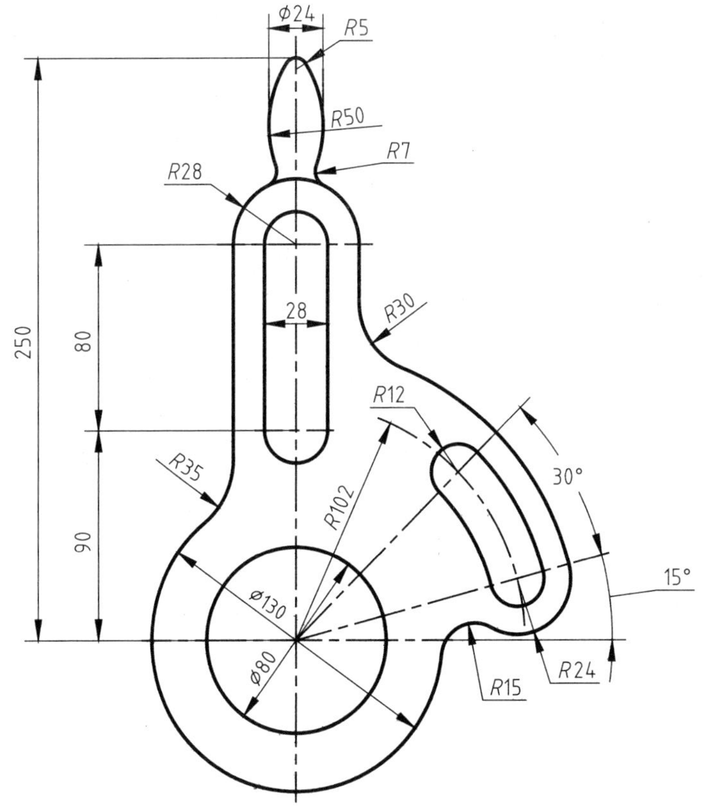

班级：　　学号：　　姓名：　　审阅：

根据图中的尺寸，将下列平面图形抄画在指定的位置。

（1）

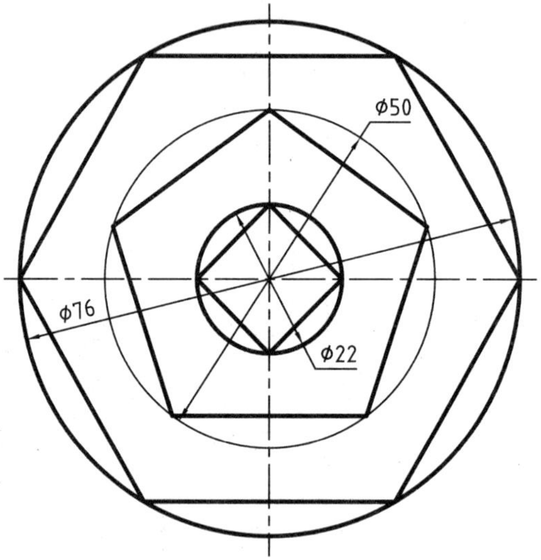

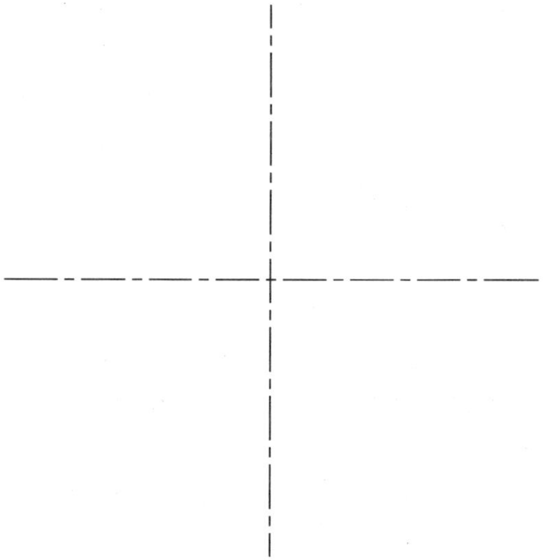

班级：　　学号：　　姓名：　　审阅：

（2）比例为1∶2。

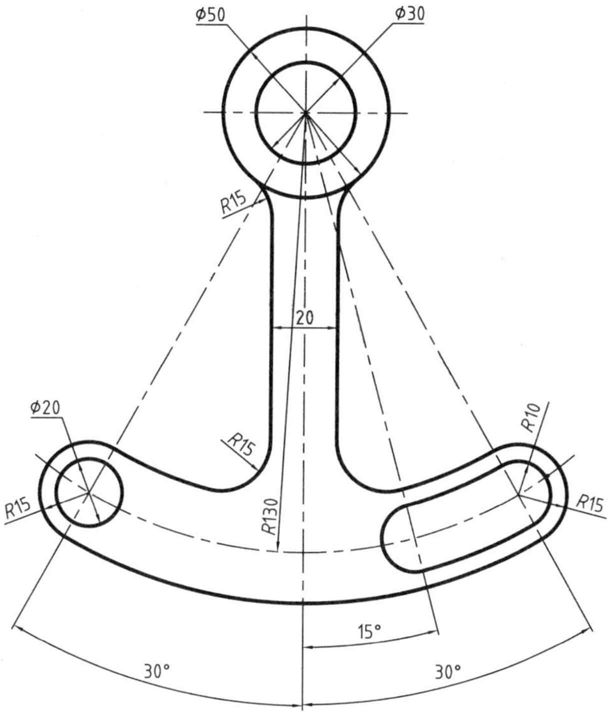

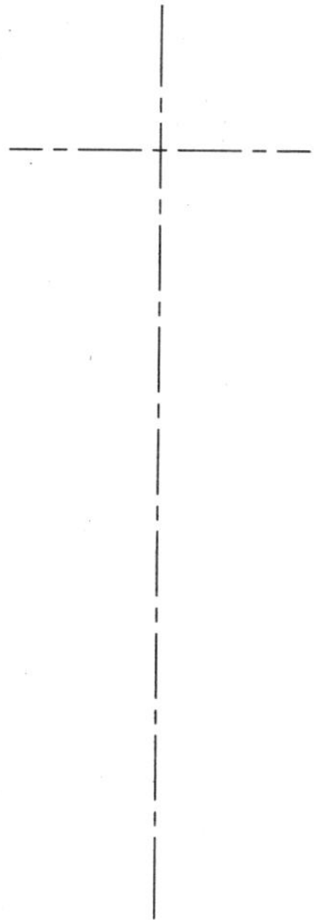

班级：　　学号：　　姓名：　　审阅：

（3）比例为1∶2。

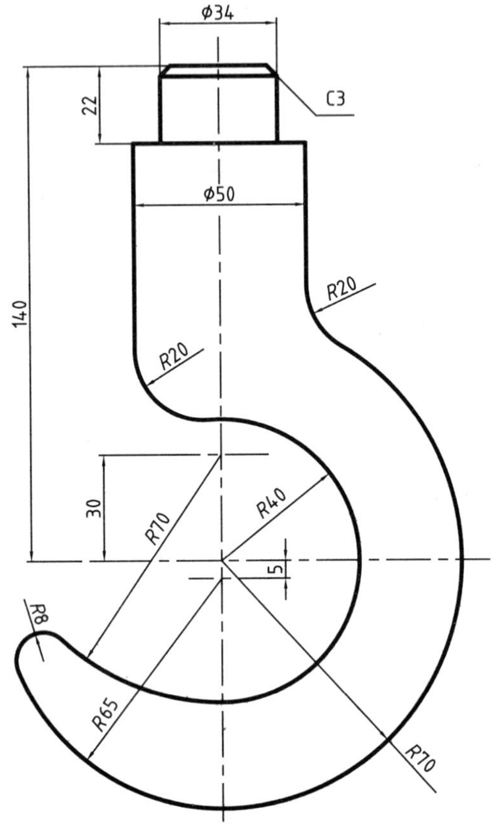

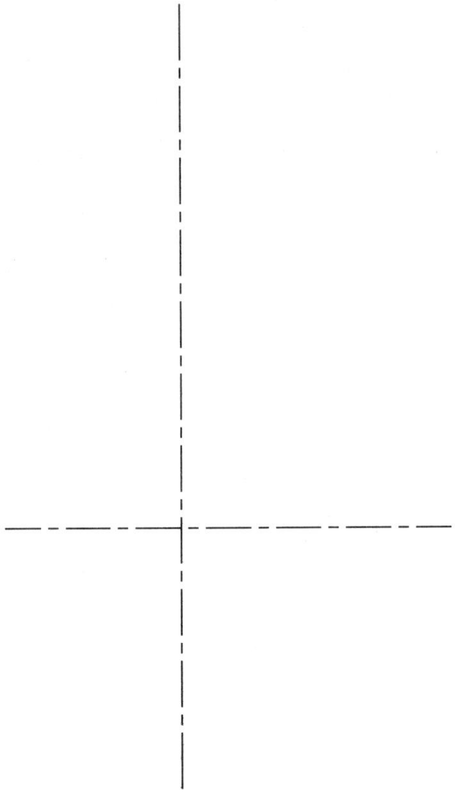

班级：　学号：　姓名：　审阅：

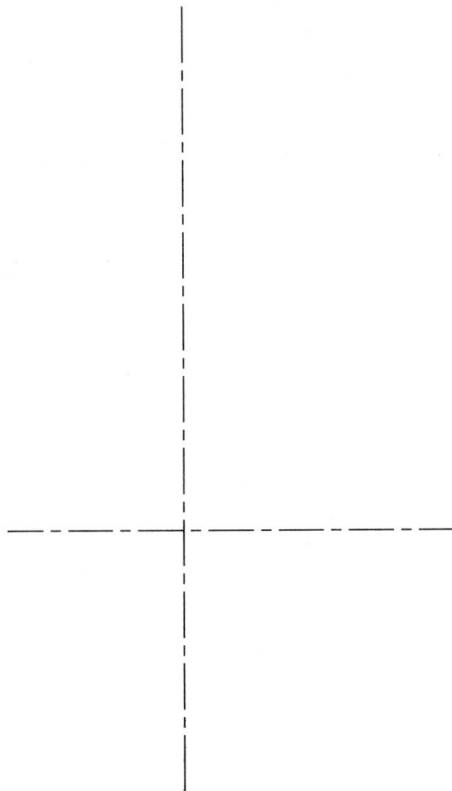

比例为1:2。

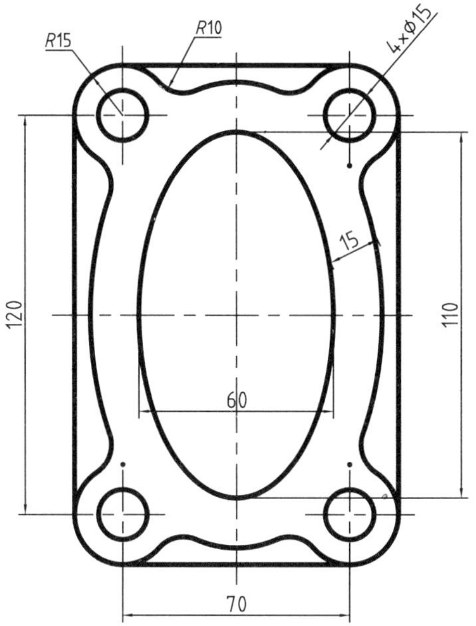

班级：　　　学号：　　　姓名：　　　审阅：

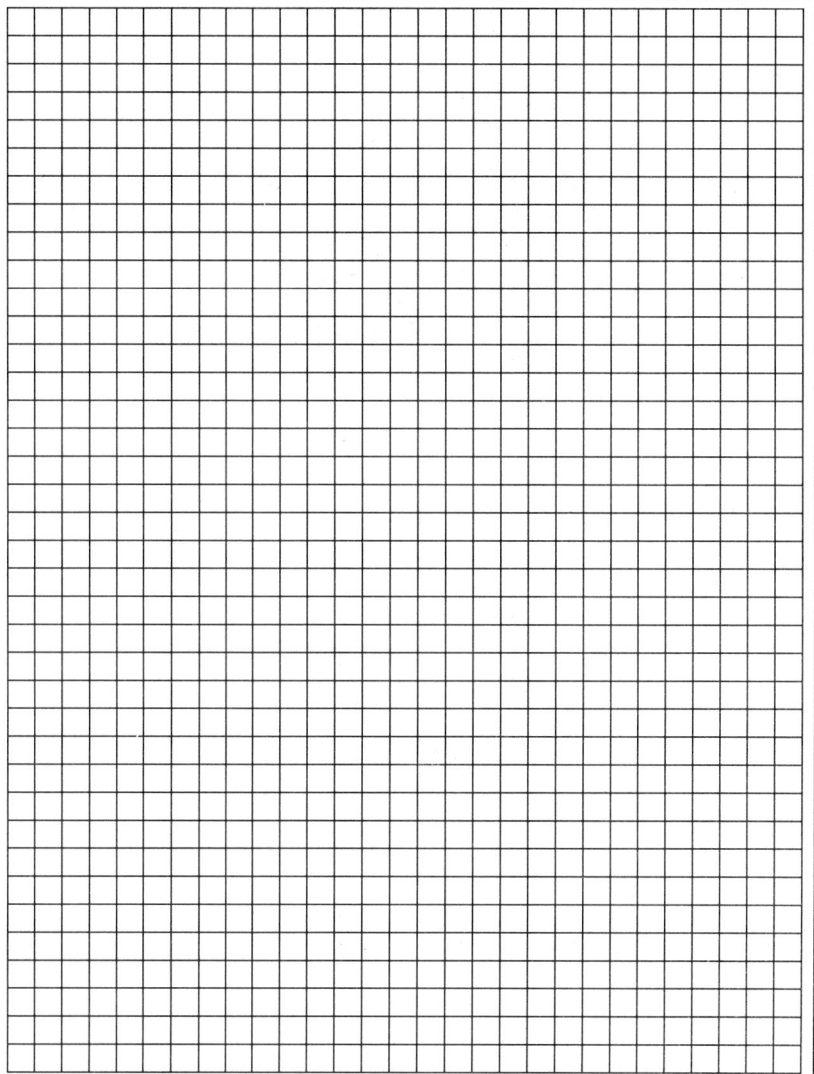

（1）

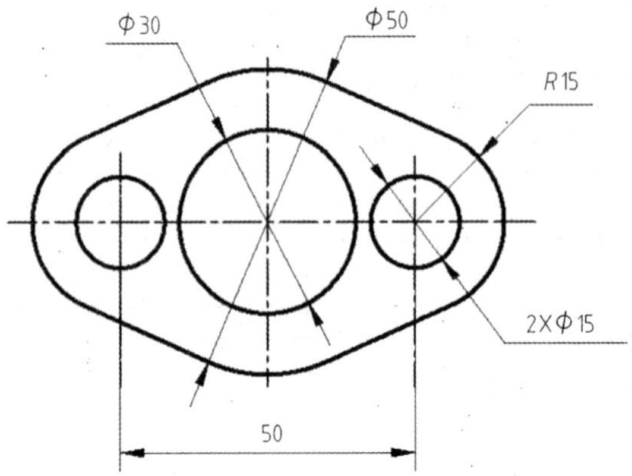

（2）

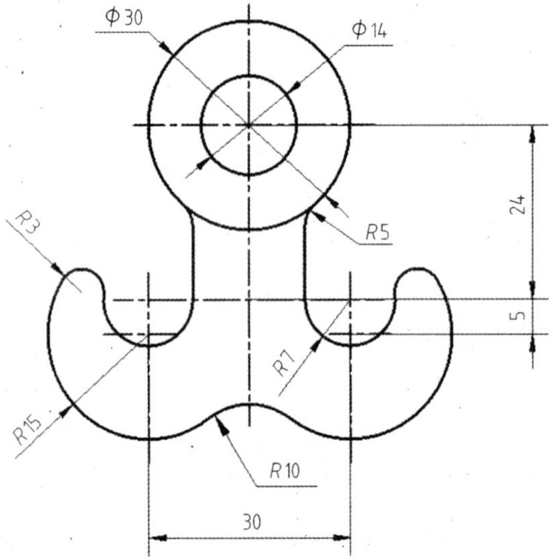

班级：　　　　学号：　　　　姓名：　　　　审阅：

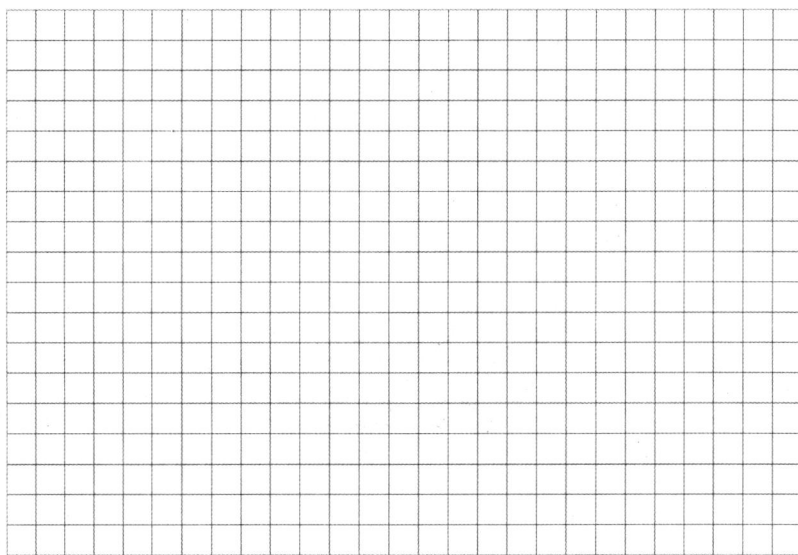

1.判断下图中B点与D点的坐标并使用直线命令绘制图形。

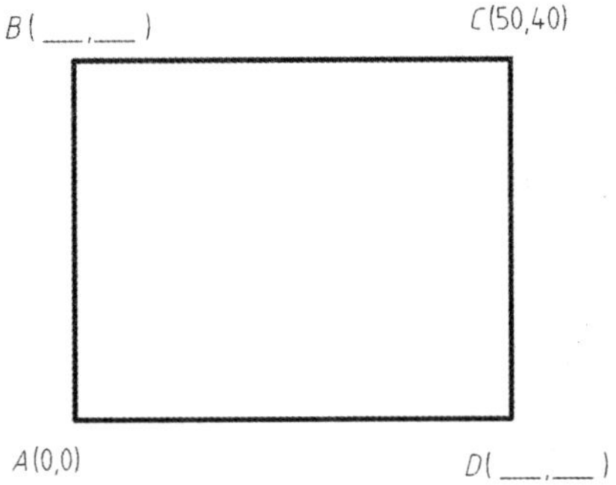

2.下图中A点坐标任意，根据所给尺寸判断B,C,D的相对坐标并绘制图形。

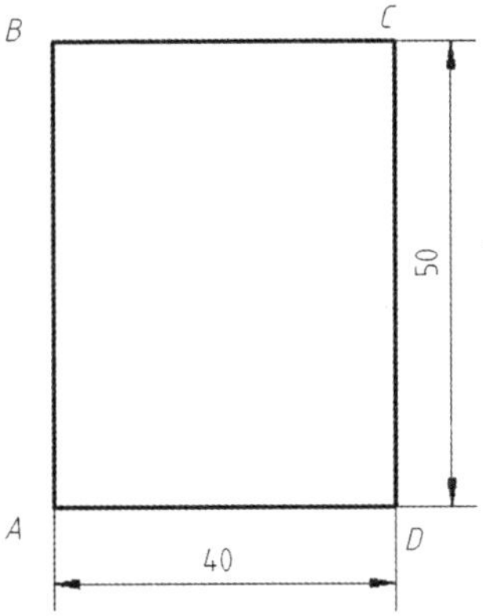

3.根据所给尺寸用直线命令绘制如下图形，注意相对直角坐标与相对极坐标的使用，其中以左下角点为起点，坐标任意。

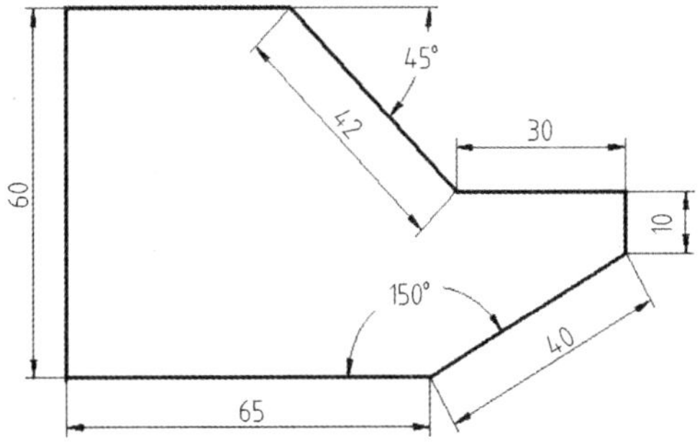

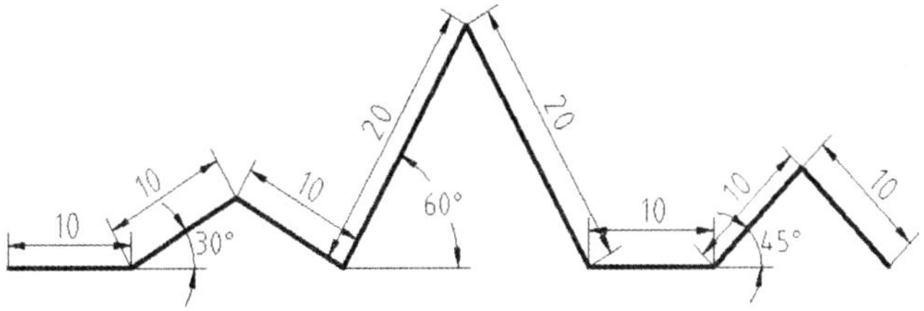

班级：　　　　学号：　　　　姓名：　　　　审阅：

4.绘制$\Phi40$的圆并7等分，设置点的样式如下图所示。

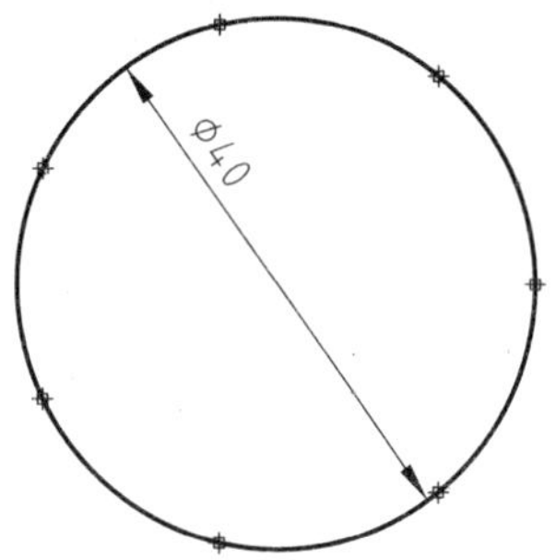

5.绘制长度为100的直线AB，并做定距等分，等分距离为30，注意设置点的样式。

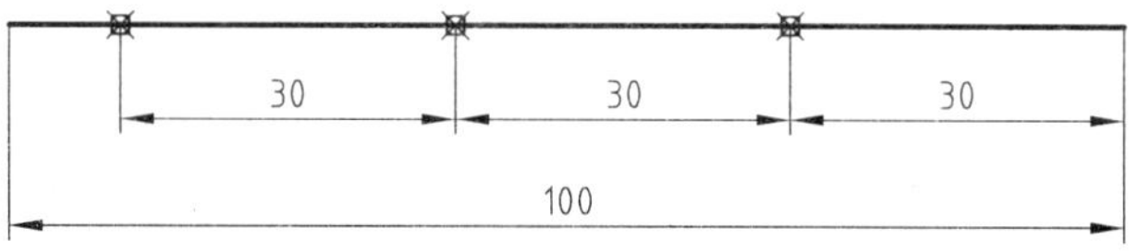

6.绘制多段线，形状及尺寸如下。

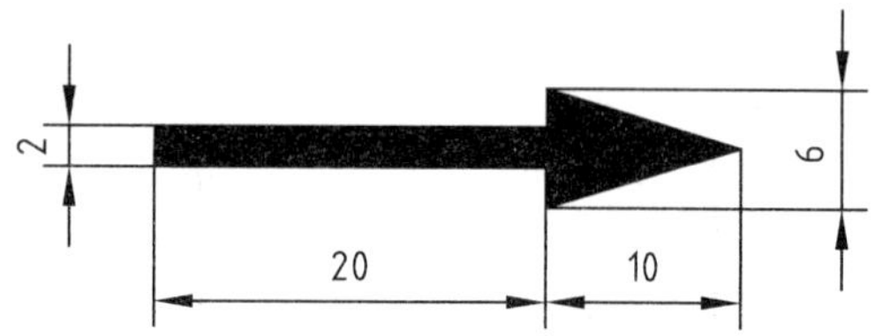

7.绘制如下图形，形状及尺寸如下。

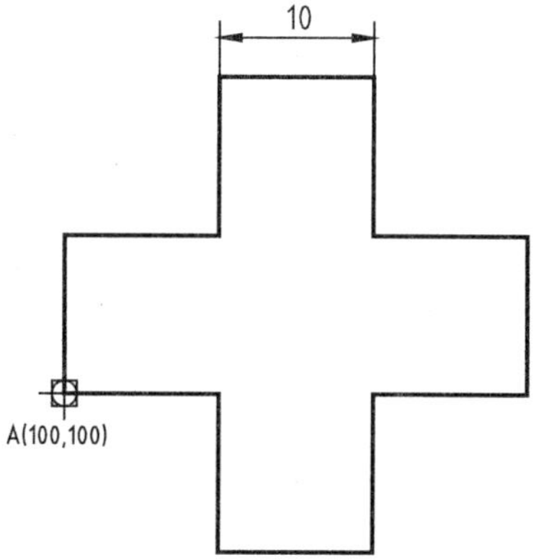

班级：　　学号：　　姓名：　　审阅：

8.绘制如下矩形，注意左下角点坐标。

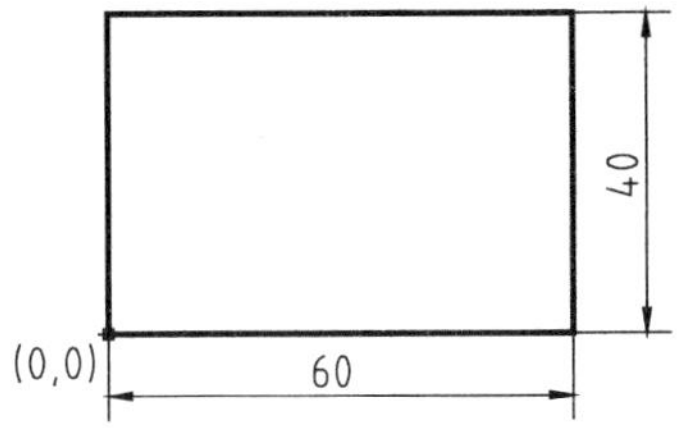

9.矩形绘图命令，矩形位置任意。

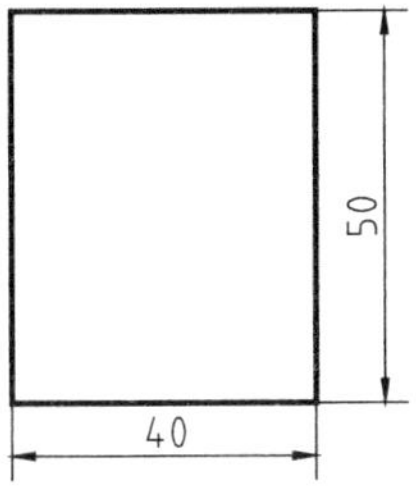

10.绘制如下图所示的带倒角矩形，矩形位置任意。

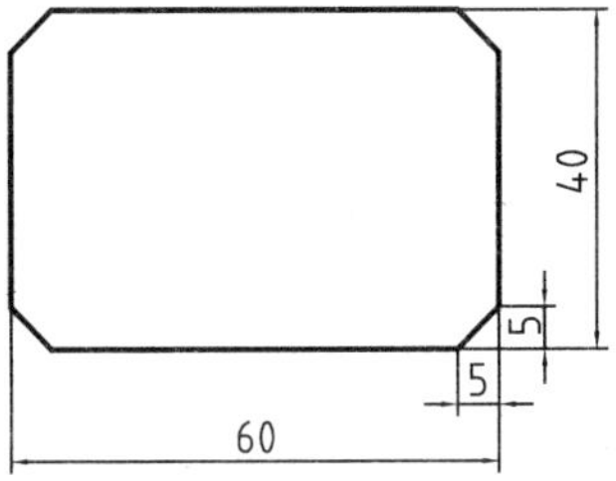

11.绘制如下图所示的带圆角矩形，矩形位置任意。

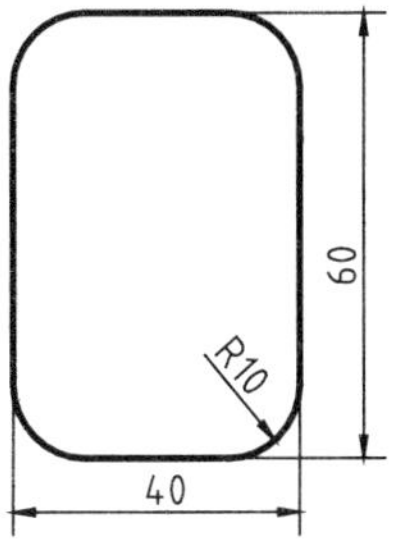

12.绘制线宽为5的矩形，矩形位置任意，如下图所示。

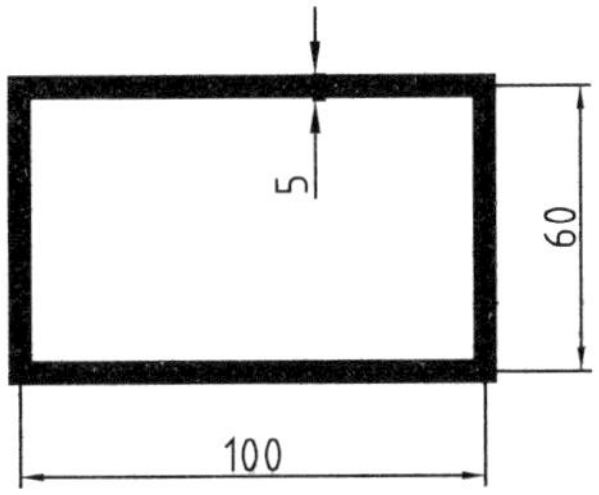

13.用多边形命令绘制如下图形。

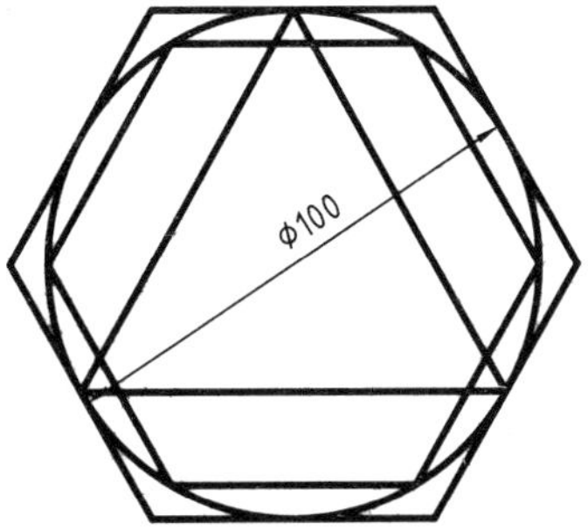

班级：　　　　学号：　　　　姓名：　　　　审阅：

14.根据图（a）完成图（b）（利用圆的相切、相切、半径和相切、相切、相切命令）。

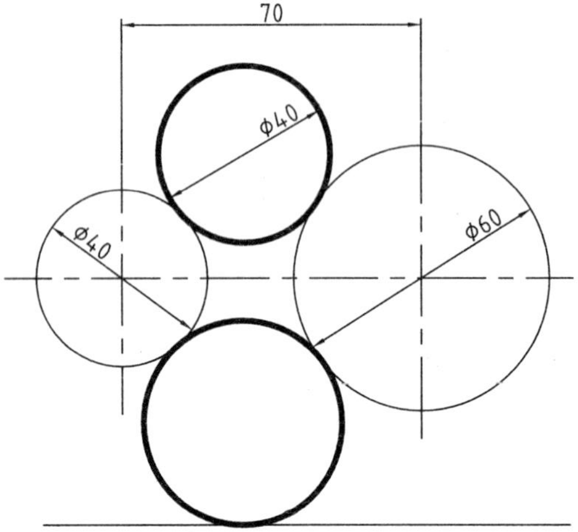

（a）

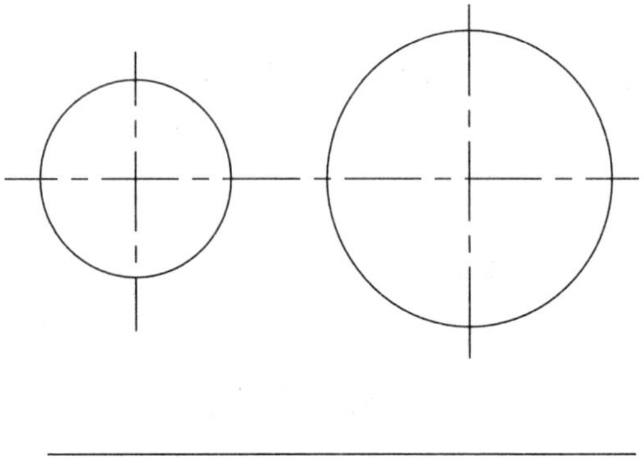

（b）

15.根据图（a）完成图（b）（利用正多边形和圆的3P命令）。

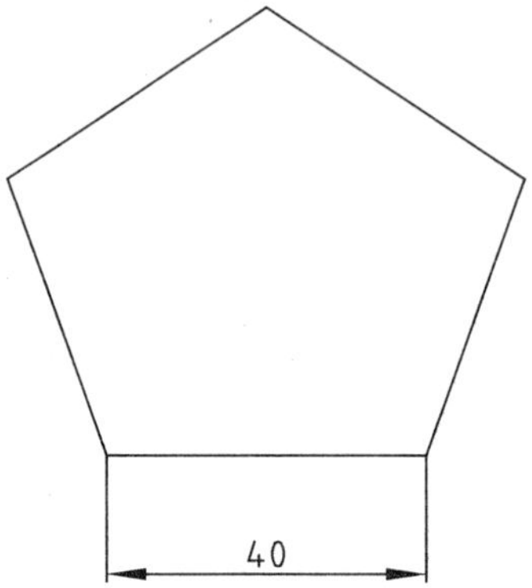

（a）

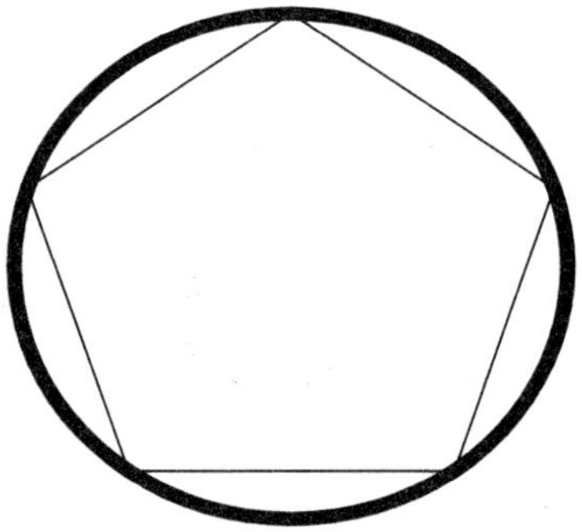

（b）

班级：　　学号：　　姓名：　　审阅：

16.用line命令借助极轴追踪绘出直线，再用Arc（圆弧）命令画出圆弧。

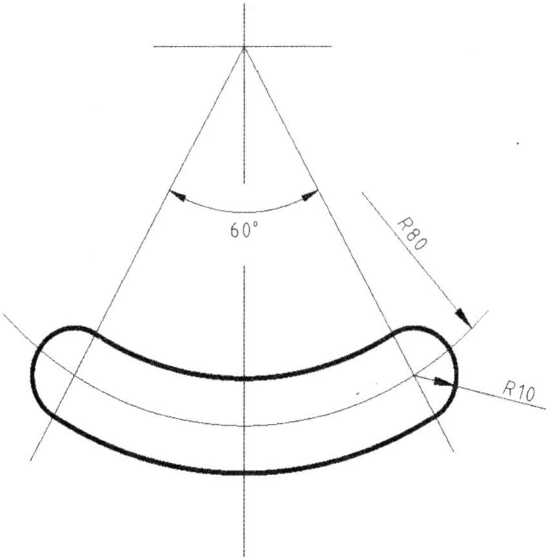

17.用Circle（圆）命令借助极轴追踪绘出下图。

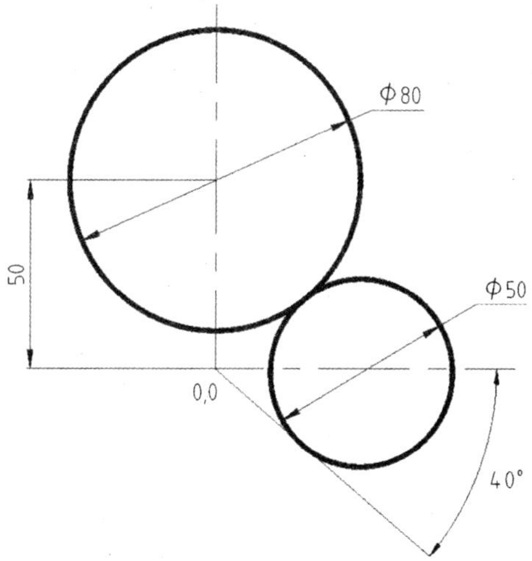

班级：　　学号：　　姓名：　　审阅：

18.绘制椭圆。

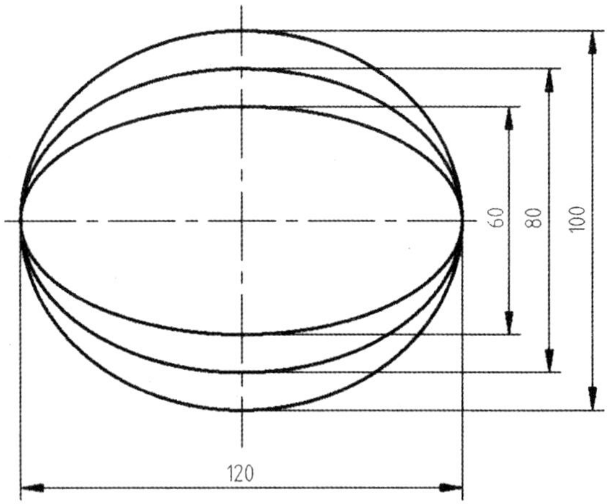

19.绘制粗实线部分椭圆弧。

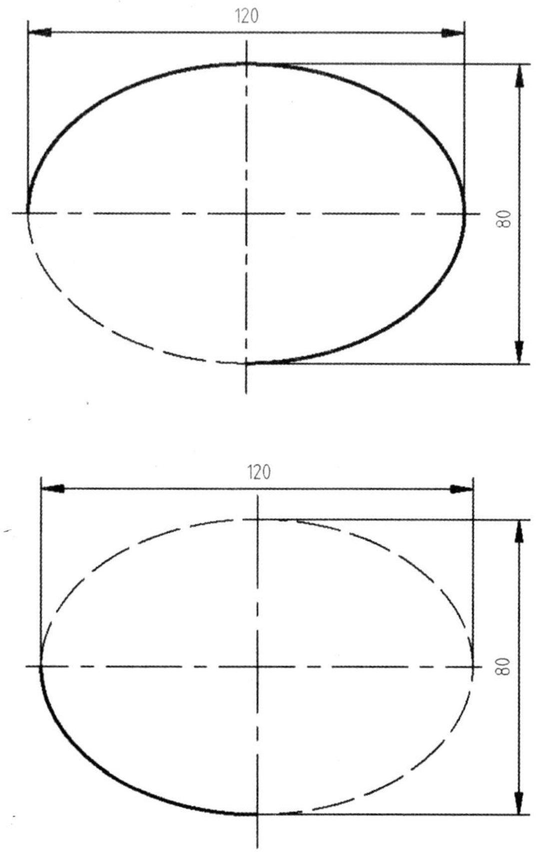

班级： 学号： 姓名： 审阅：

1.利用圆和修剪命令绘制下图。

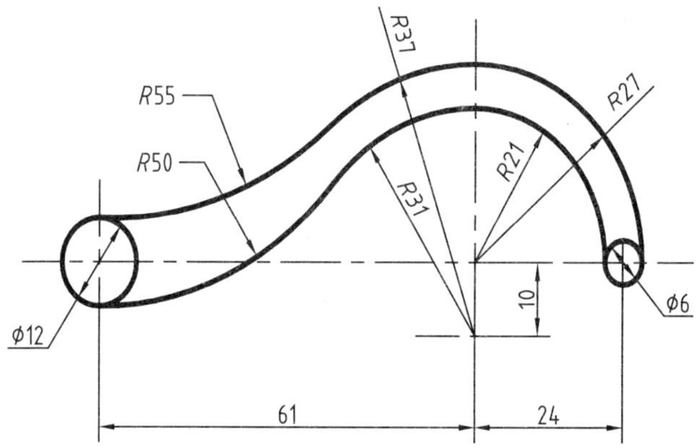

2.利用直线绘图命令，借助极坐标和对象追踪工具以及偏移、延伸和修剪命令绘制下图。

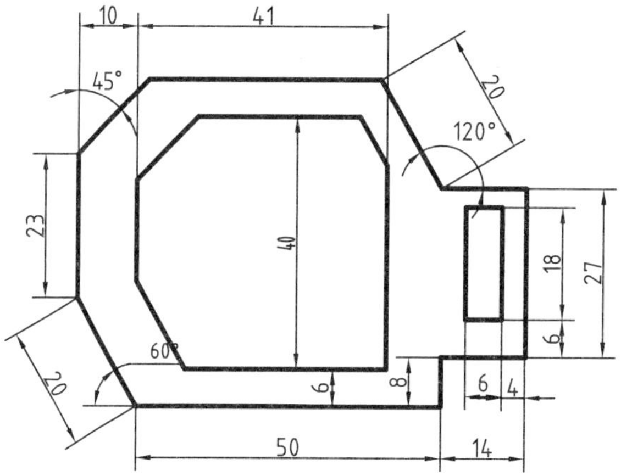

班级：　　学号：　　姓名：　　审阅：

3.利用圆、直线和正多边形的绘图命令，借助切点捕捉绘制下图（提示：绘制正八边形时，内切于圆的半径取@11<0；与三圆相切的大圆弧利用圆的“相切、相切、相切”命令及“修剪”命令完成。）

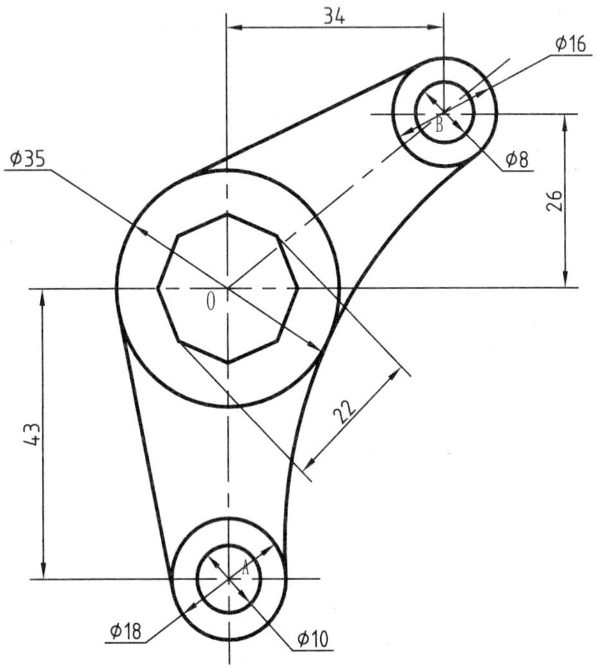

4.利用圆和正多边形的绘图命令，借助对象捕捉和修剪命令绘制下图（提示：借助O点采用临时追踪点捕捉O'点，利用极轴角设置绘制$O'A$和$O'B$线）。

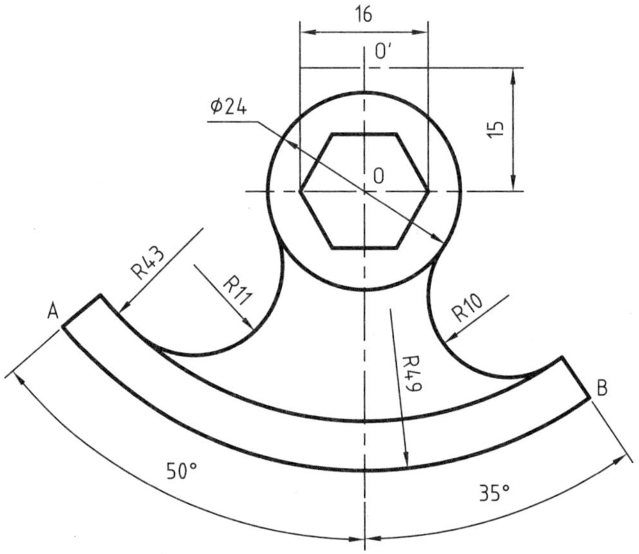

班级：　　学号：　　姓名：　　审阅：

5.利用圆和直线绘图命令，借助偏移、镜像、拉伸、旋转等修改命令从图（1）逐步完成至图（4）。

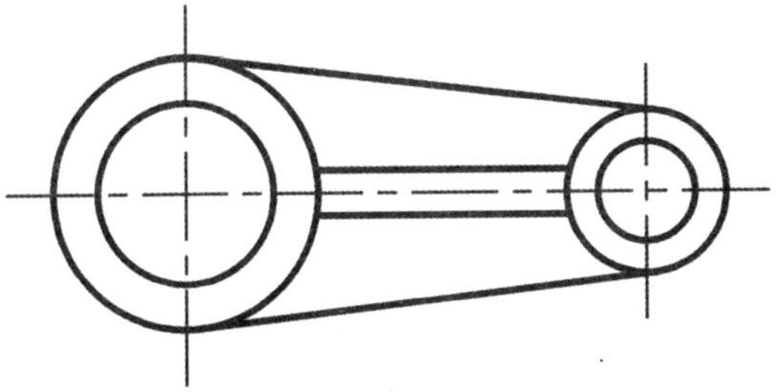

（1）

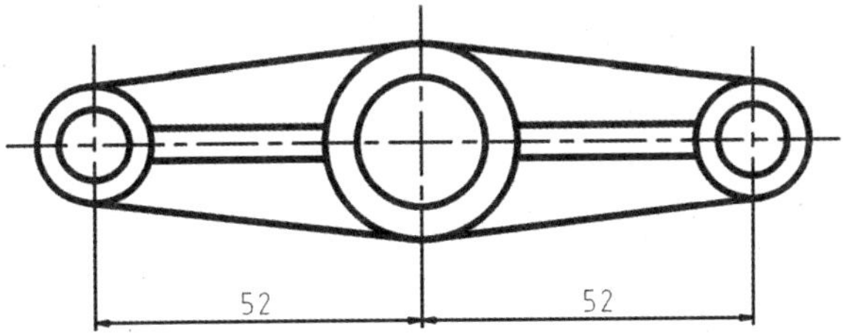

（2）

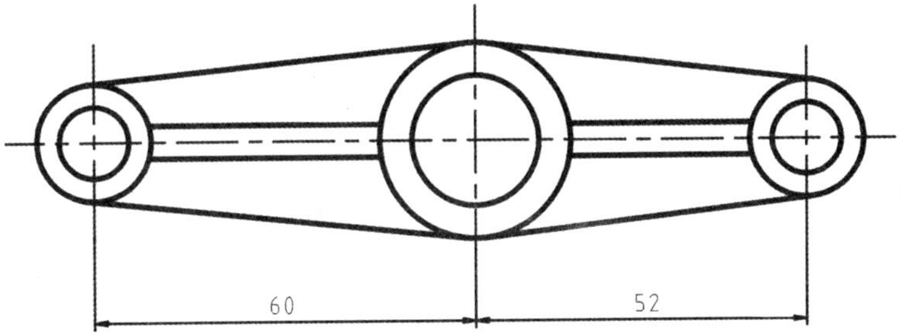

（3）

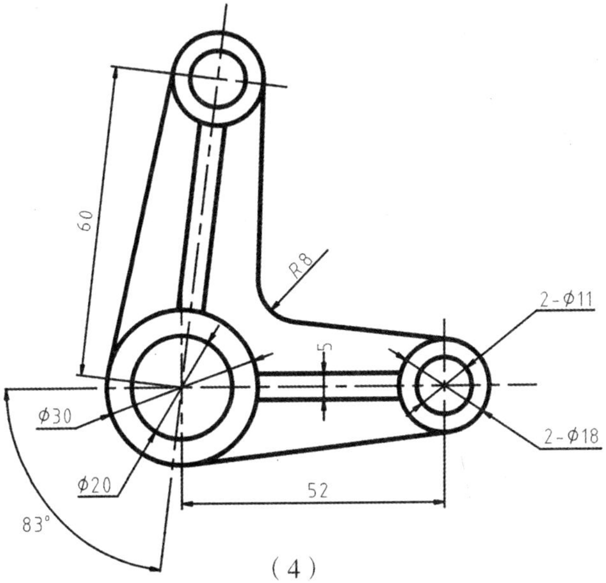

（4）

班级： 学号： 姓名： 审阅：

6.利用矩形和圆绘图命令，借助偏移和矩形阵列，经过修剪和删除多余图线后完成此图。

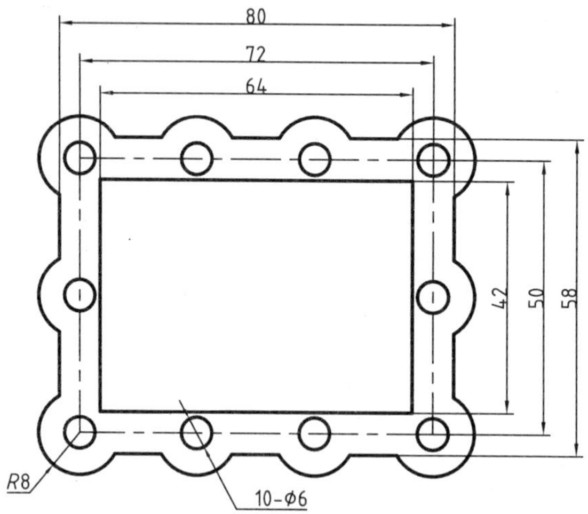

7.利用圆绘图命令，借助修圆角和环形阵列，经过修剪多余图线后完成此图。

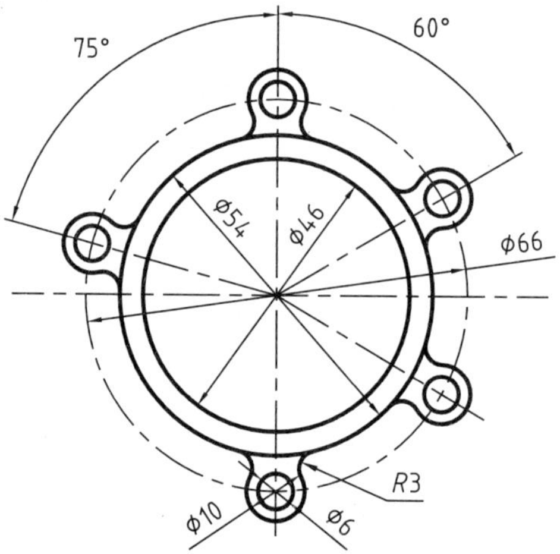

班级：　　学号：　　姓名：　　审阅：

8.绘制如下图形。

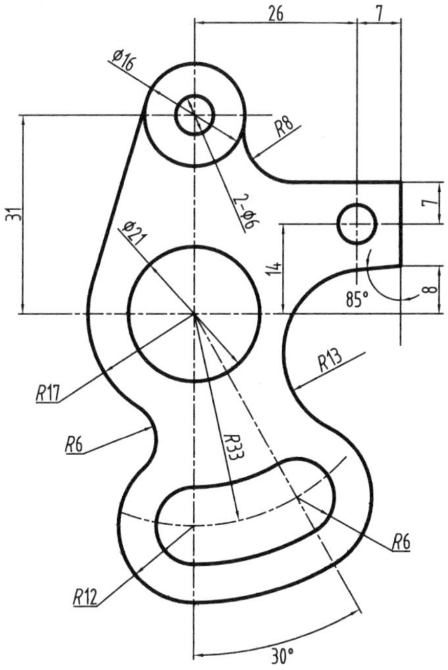

9.绘制如下图形。

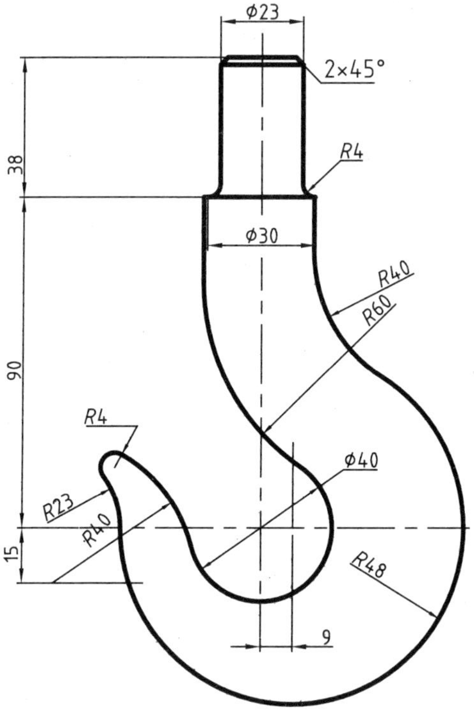

班级：　　学号：　　姓名：　　审阅：

10.绘制如下图形。

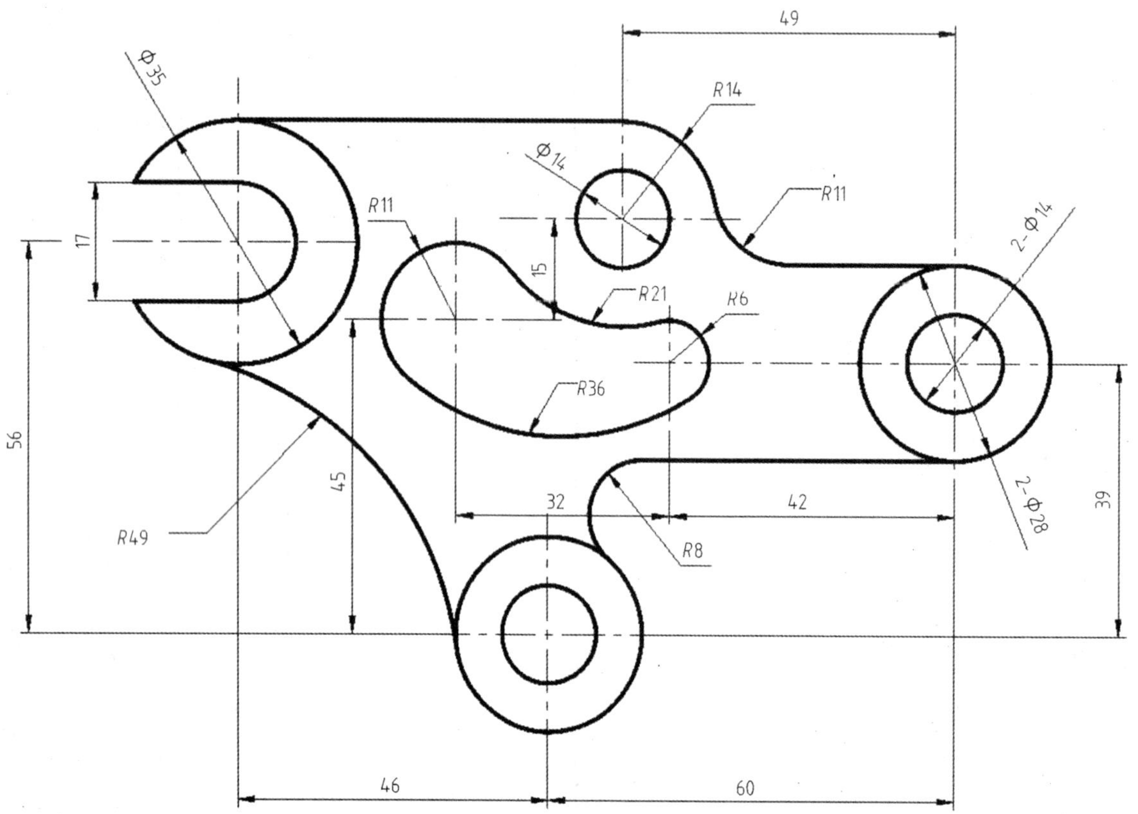

班级：　　学号：　　姓名：　　审阅：

11.绘制如下图形。

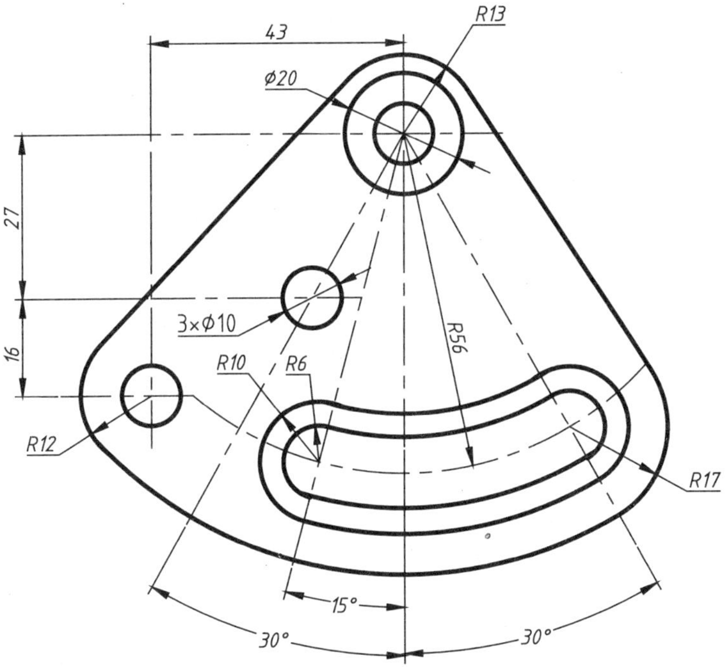

12.绘制如下图形。

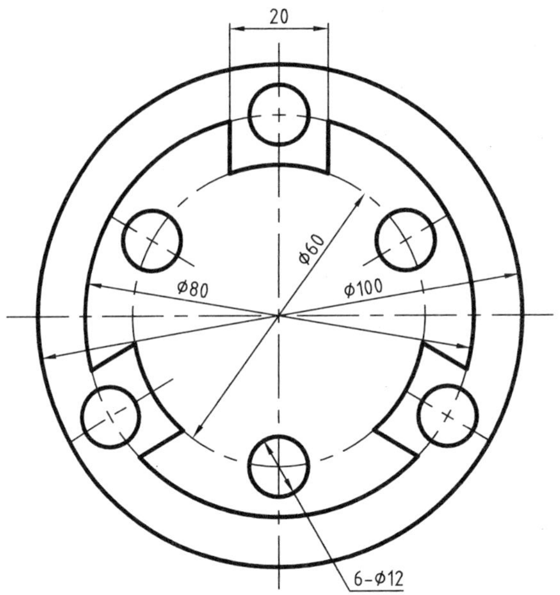

班级： 学号： 姓名： 审阅：

13.绘制如下图形。

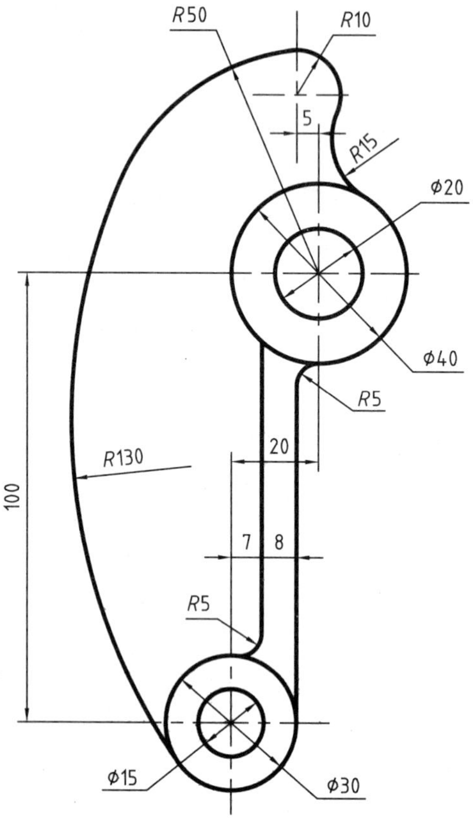

14.绘制如下图形。

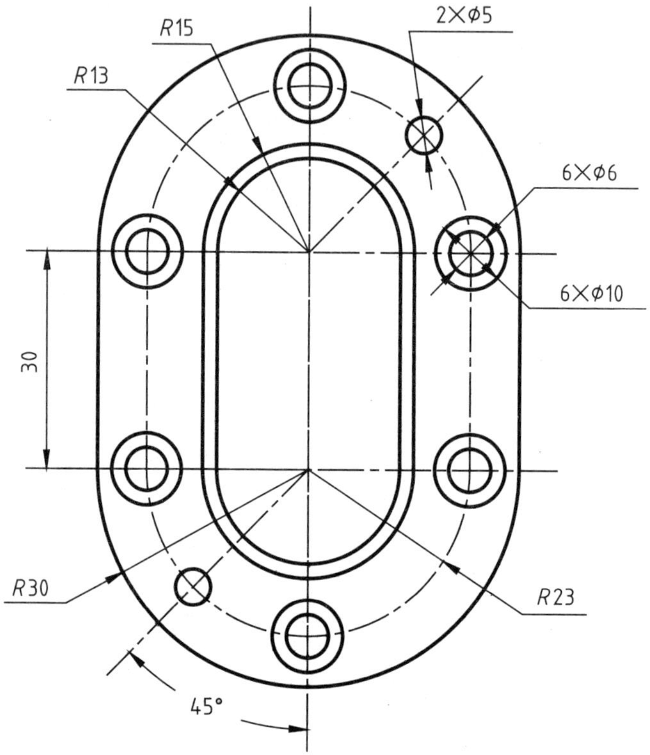

班级：　　学号：　　姓名：　　审阅：

15.绘制如下图形（比例为1∶2）。

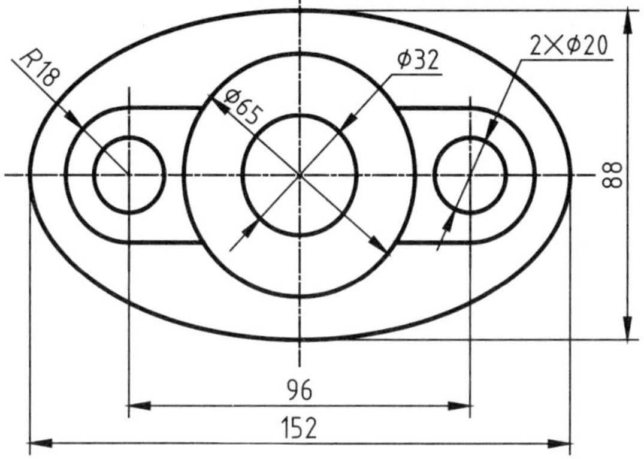

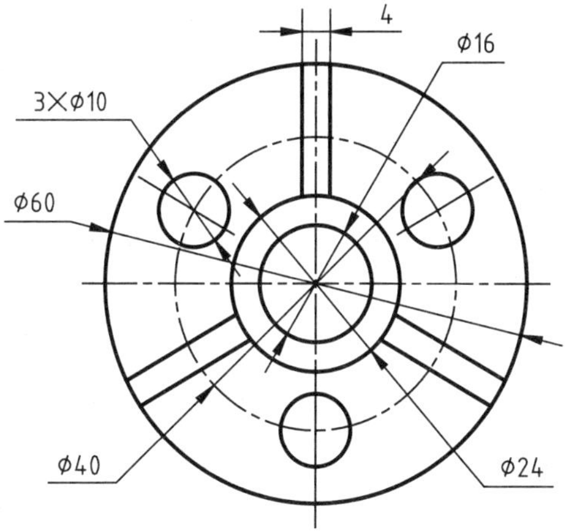

16.绘制如下图形（比例为1∶2）。

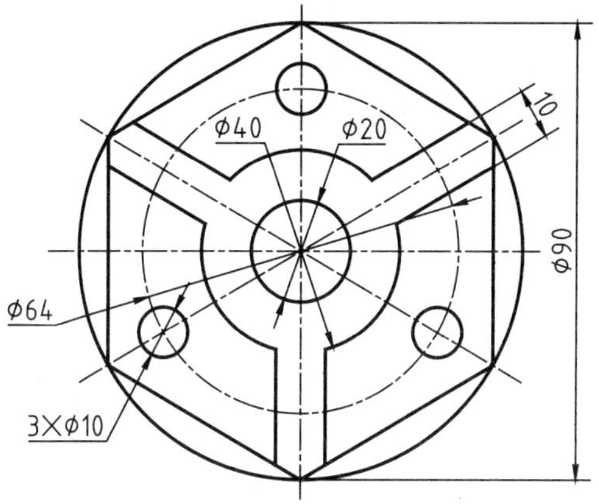

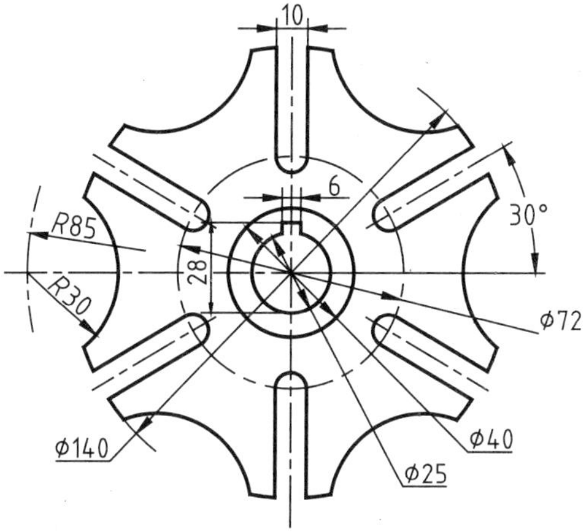

班级：　　学号：　　姓名：　　审阅：

观察物体的三视图，辨认相应的立体图，并在右下脚的圆圈内写上其序号。

(1)

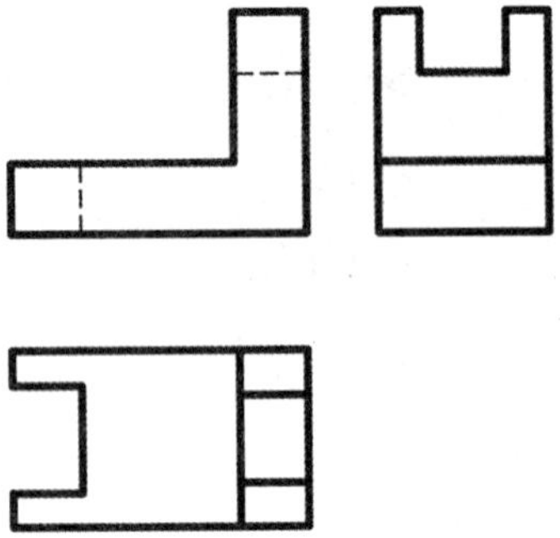

(2)

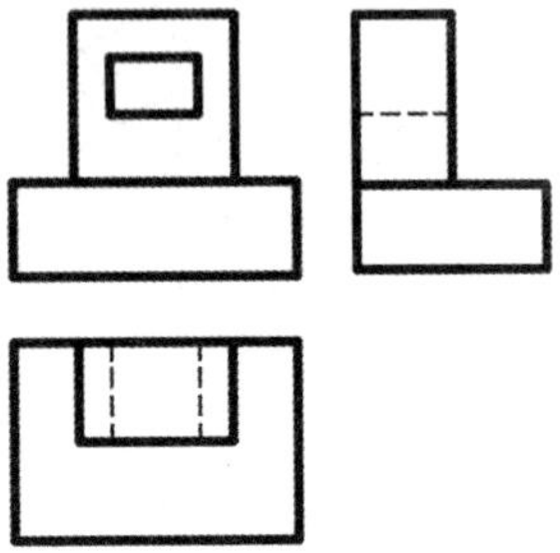

(3)

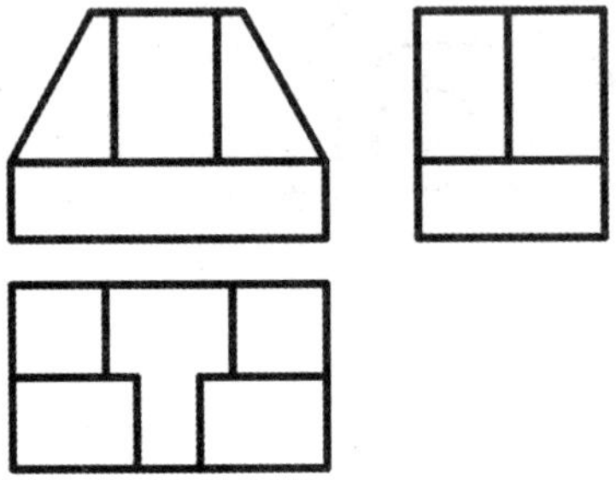

(4)

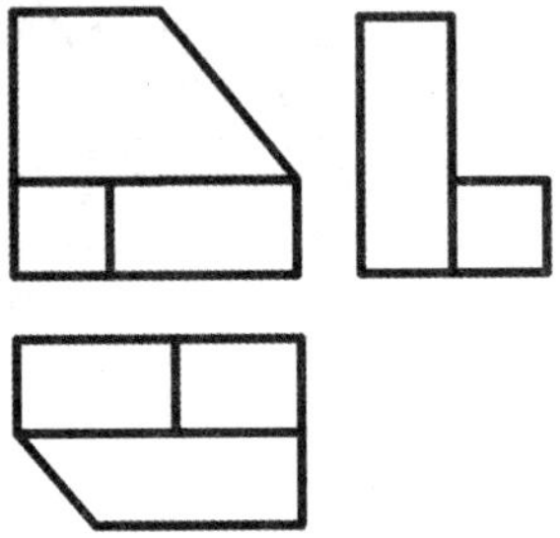

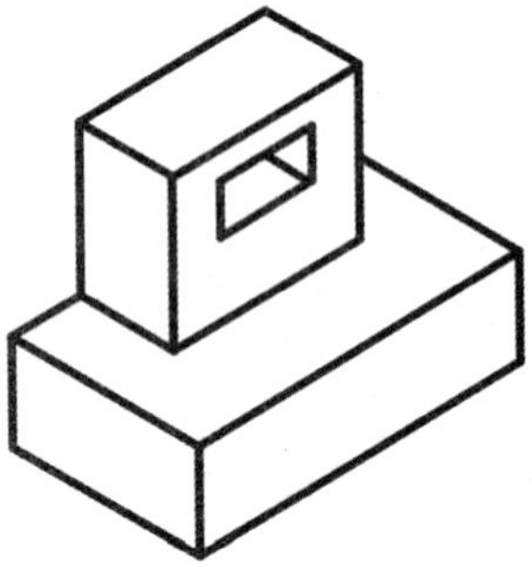

○

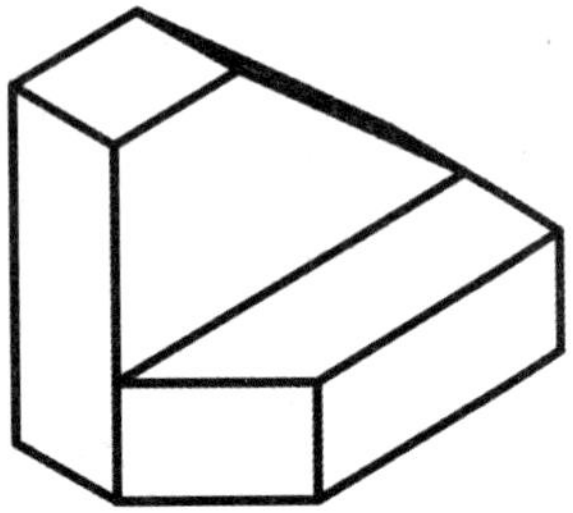

○

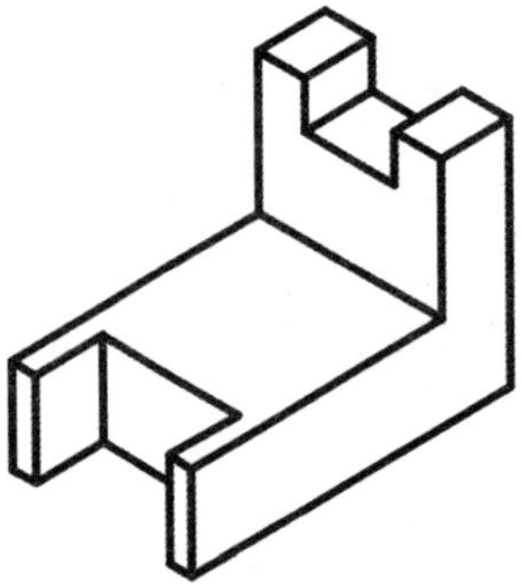

○

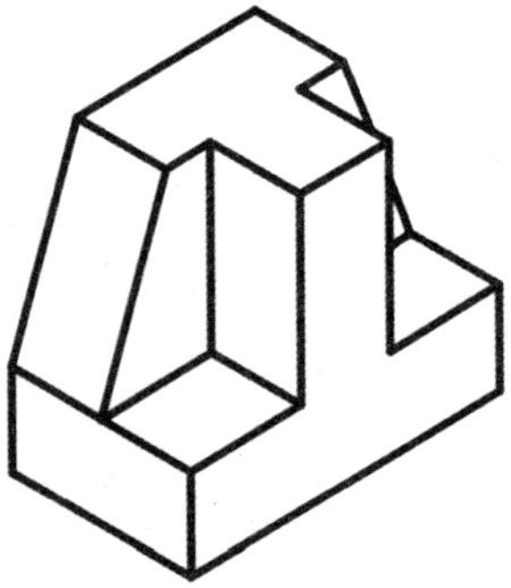

○

班级：　　学号：　　姓名：　　审阅：

1.已知A，B，C三点的两面投影，试补全其第三面投影。

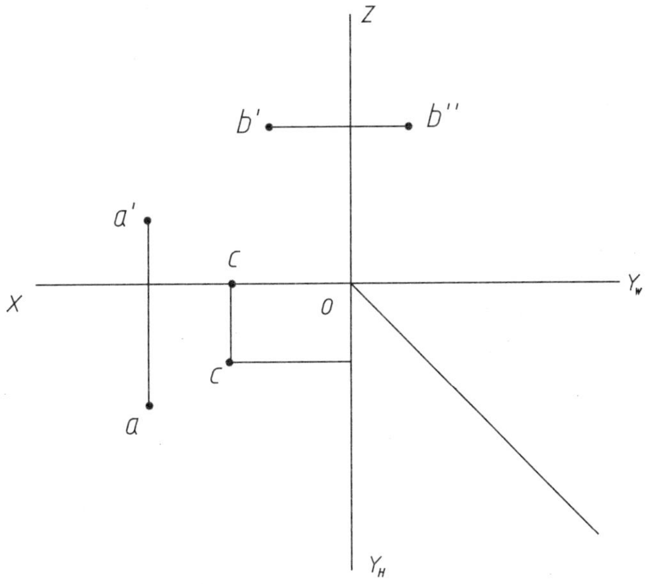

2.作点A（30，20，15）的三面投影。

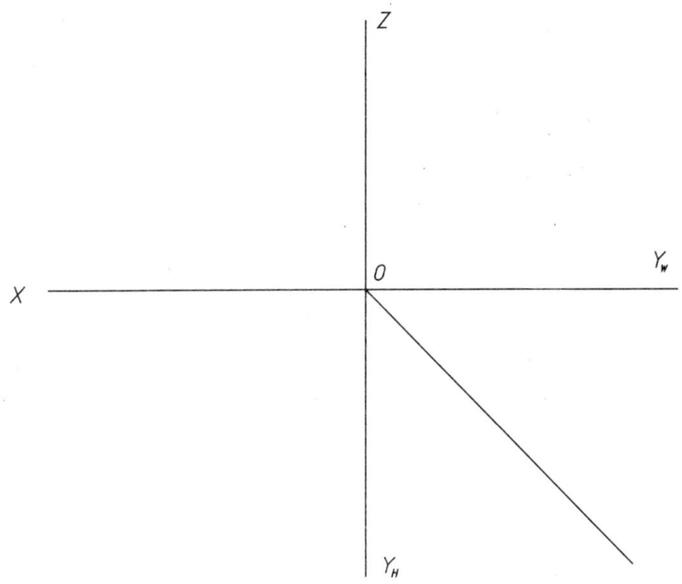

班级：　　学号：　　姓名：　　审阅：

3.已知A，B，C三点的坐标是A（10，0，0），B（20，0，25），C（25，20，10），试完成其三面投影并填空。

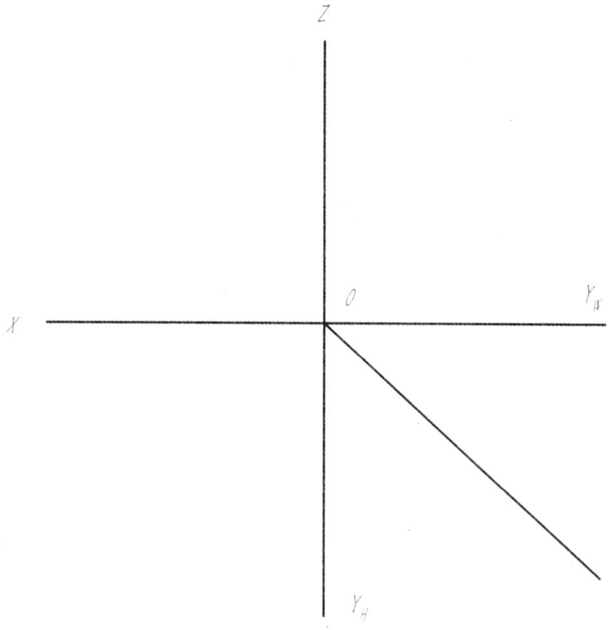

点A在 ___ 轴上，点B在 ___ 面上，点C是 ____ 点；___ 点最高，____ 点最底，____ 点最左，___ 点最右，___ 点最前，____ 点最后。

4.已知点A到V，H，W面的距离分别为30，10，15，点B在点A的上面10，左面5，后面15处，试完成A，B两点的三面投影。

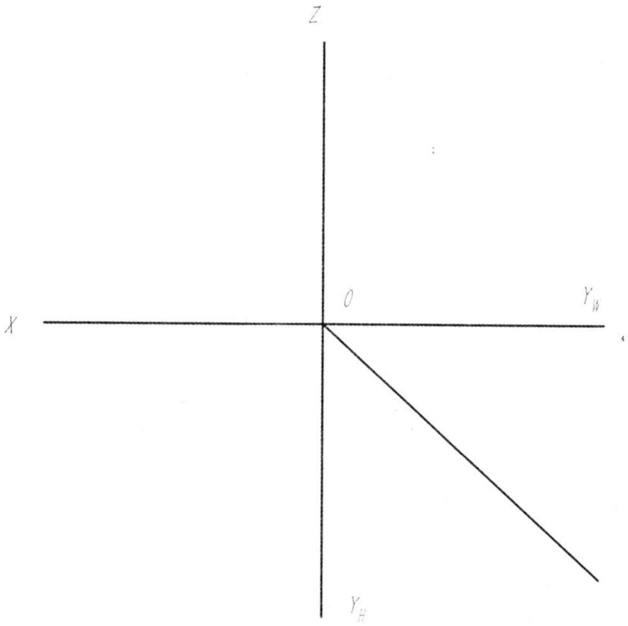

班级：　　学号：　　姓名：　　审阅：

1.补画下列直线第三面投影，并判断其空间位置。

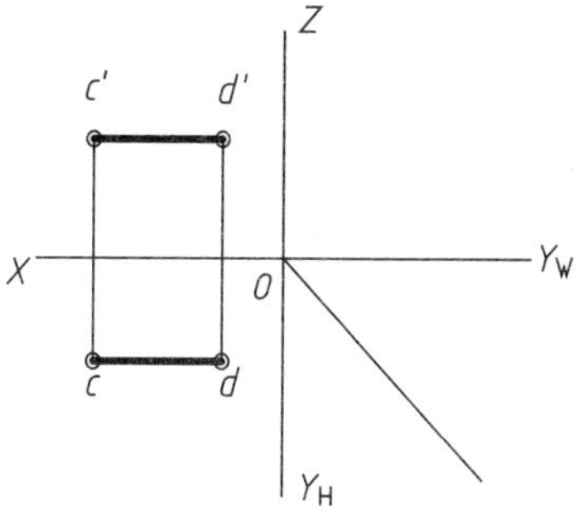

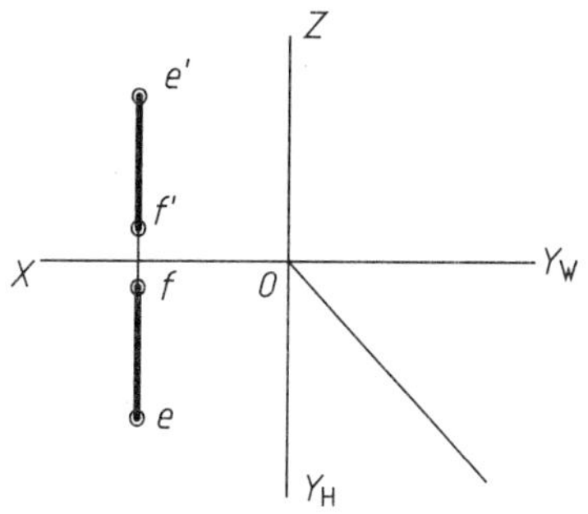

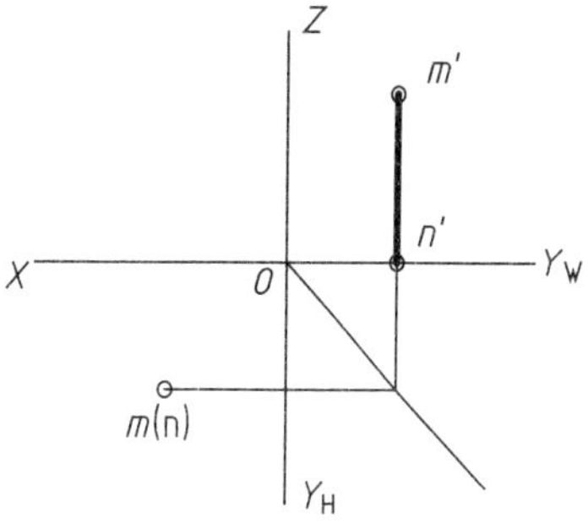

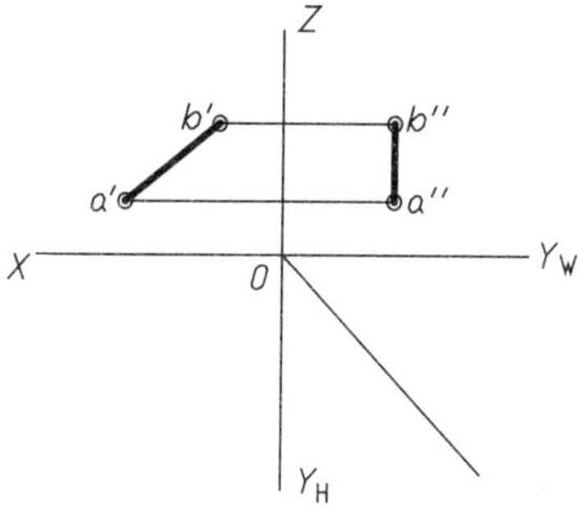

CD是________线　　EF是________线　　MN是________线　　AB是________线

2.已知直线AB两端点坐标 A（25，15，10），B（10，20，25），试作出其三面投影,并判断其空间位置。

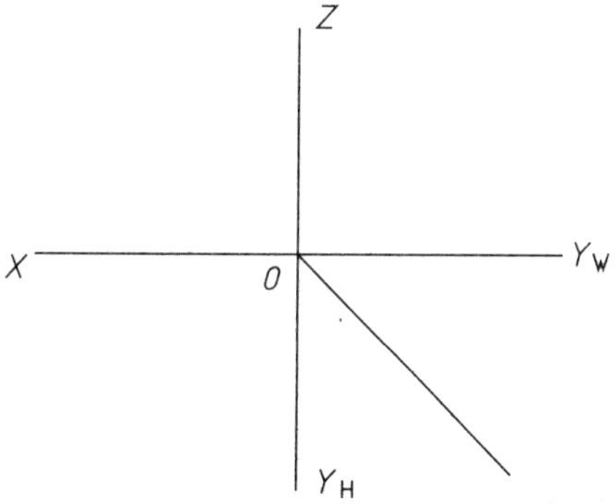

AB是________线

3.根据三棱锥的三面投影图和立体图，判断直线AB，BD，BC，AC的空间位置。

AB是______线
BD是______线
BC是______线
AC是______线

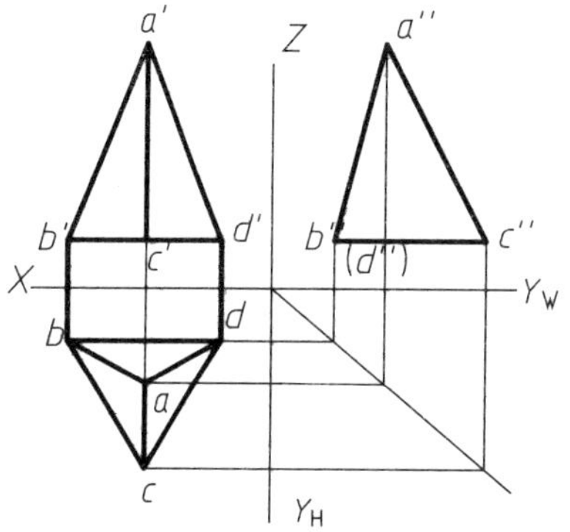

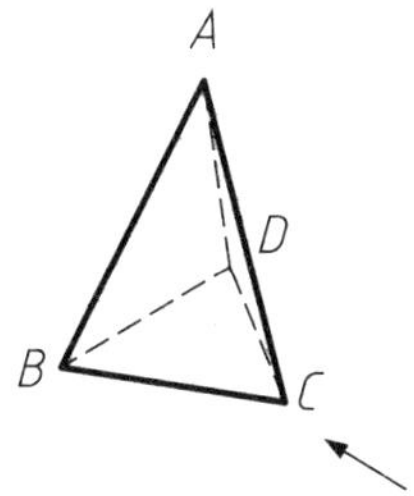

班级：　　学号：　　姓名：　　审阅：

4.已知正平线AB的V面投影和A点的H面投影，求作AB的三面投影。

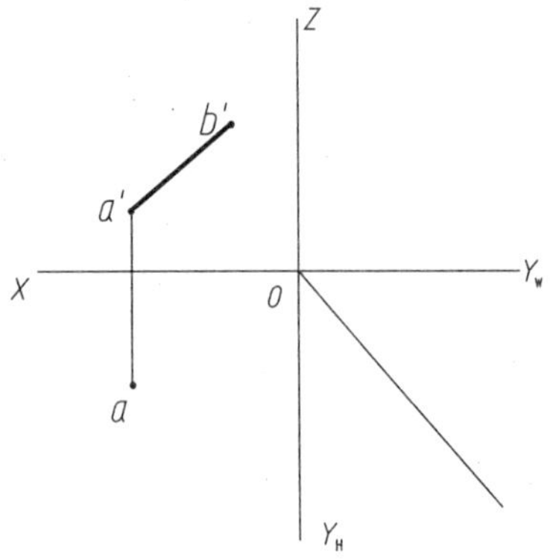

5.已知点C的三面投影，求作侧垂线CD的三面投影，CD=15mm。

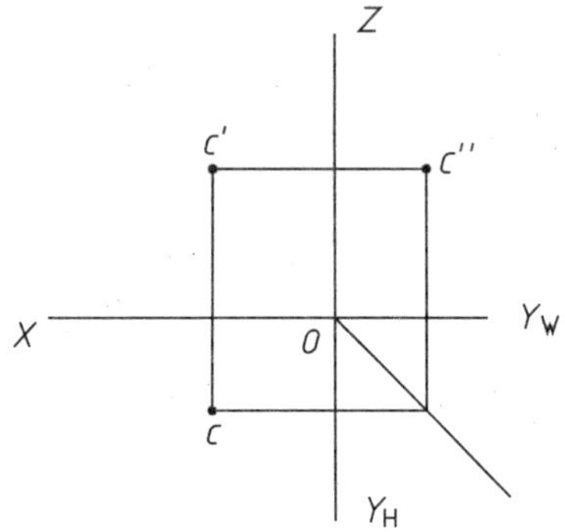

6.已知侧平线EF的侧面投影，若EF到W面的距离为20 mm，求作$e'f'$和ef。

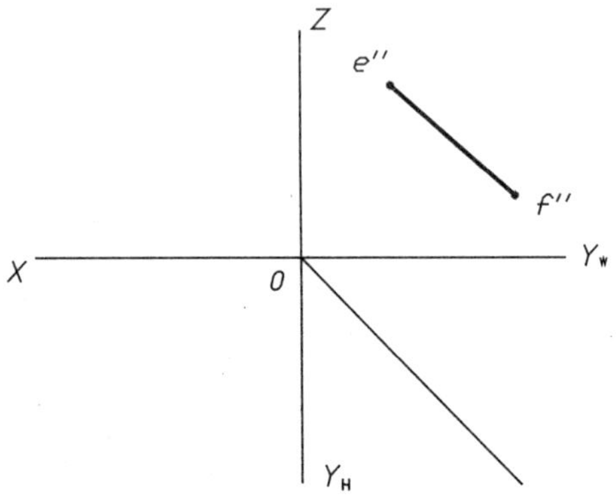

7.判断点G是否在直线EF上。

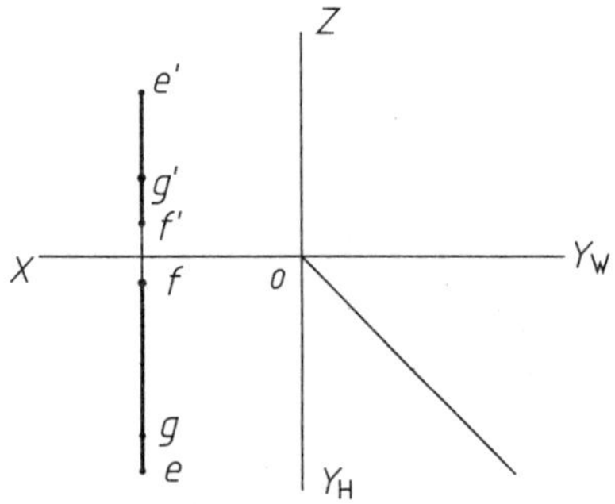

班级： 学号： 姓名： 审阅：

1.已知平面的两面投影，试分别补全其第三面投影，并判断其空间位置。

(1)

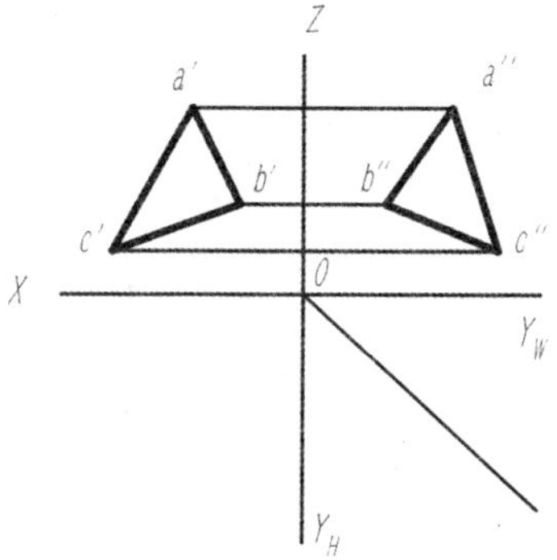

该平面是______

(2)

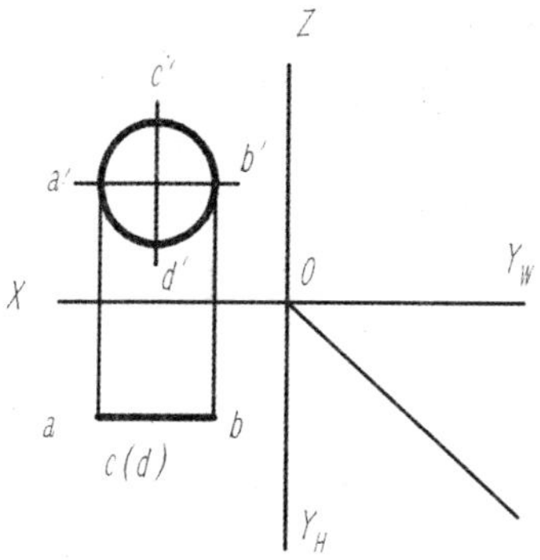

该平面是______

(3)

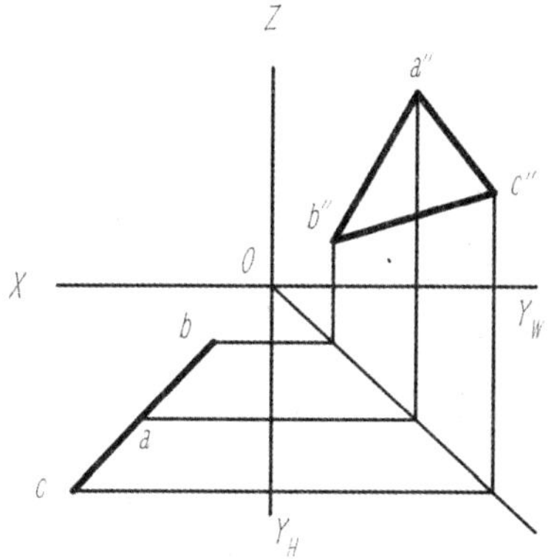

该平面是______

(4)

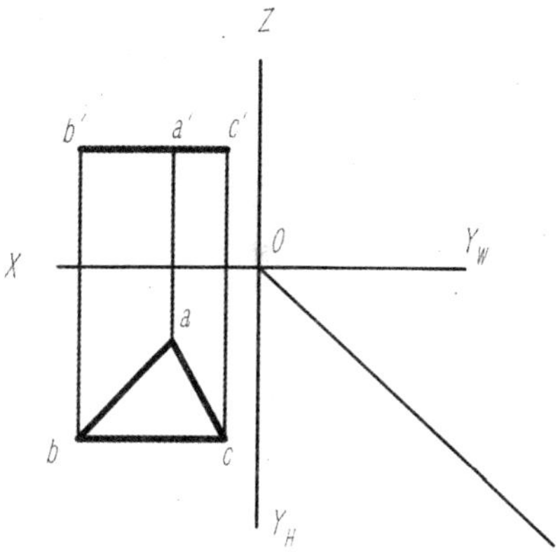

该平面是______

班级：　　学号：　　姓名：　　审阅：

2.已知平面ABC及其上点E和直线EF，FG的两面或一面投影，试分别补全其另一面的投影，并判断点K是否属于平面。

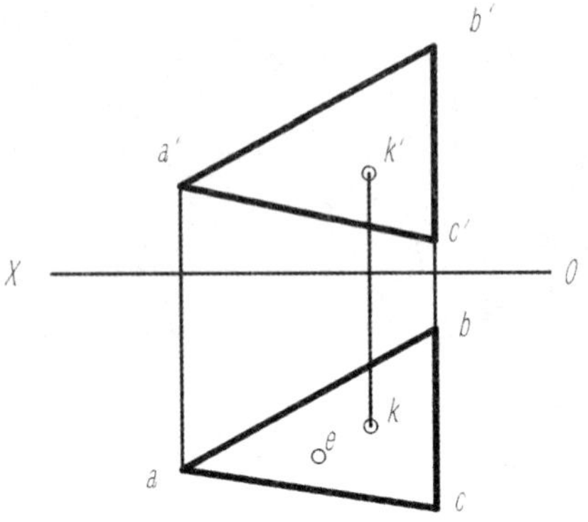

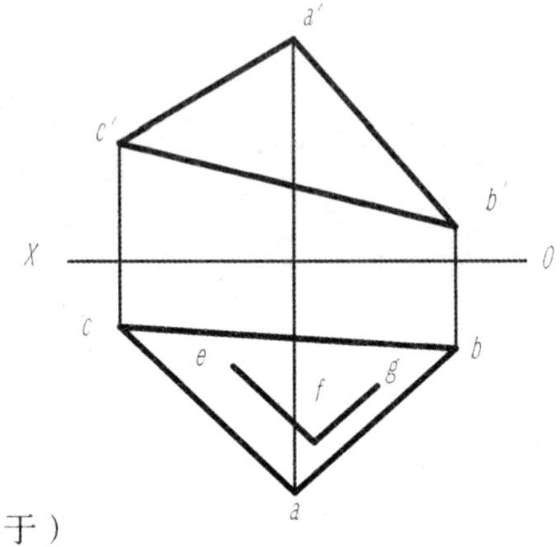

点K________平面（属于或不属于）

3.已知平面图形的一面投影，试分别补全其另一面的投影。

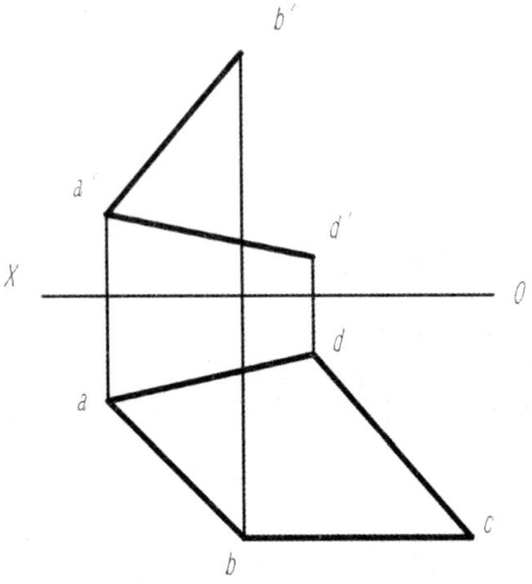

4.根据三棱锥的三面投影图和立体图，判断平面ABC，BDC，ABD的空间位置。

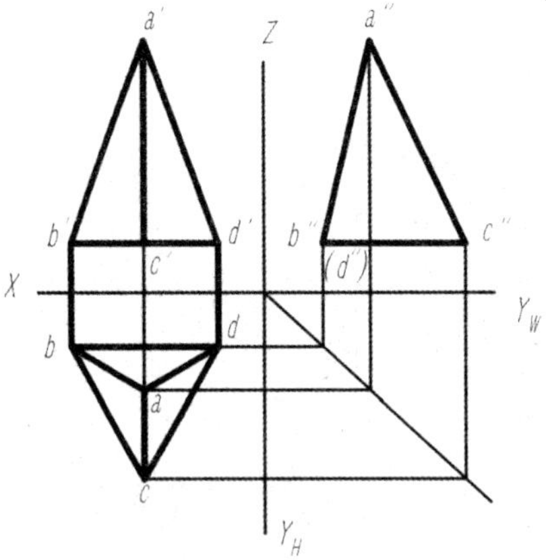

ABC是____面
BDC是____面
ABD是____面

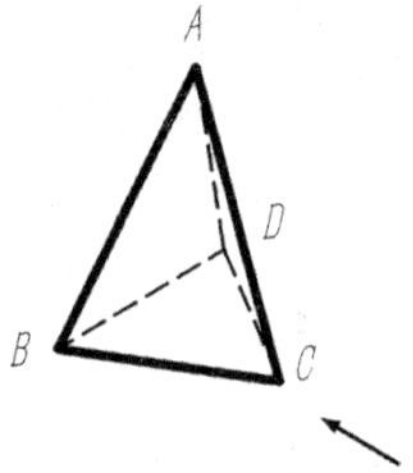

1.将木模摆成如下立体图位置，测量长宽高尺寸，画出长方体的三视图(箭头所指为主视方向)。

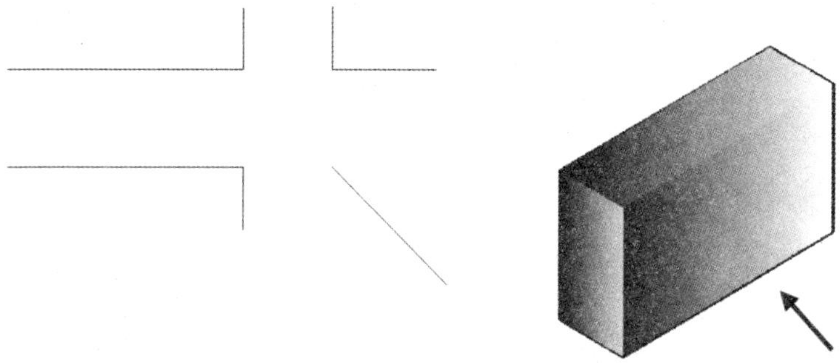

2.将木模摆成如下立体图位置，测量尺寸，画出正三棱柱体的三视图(箭头所指为主视方向)。

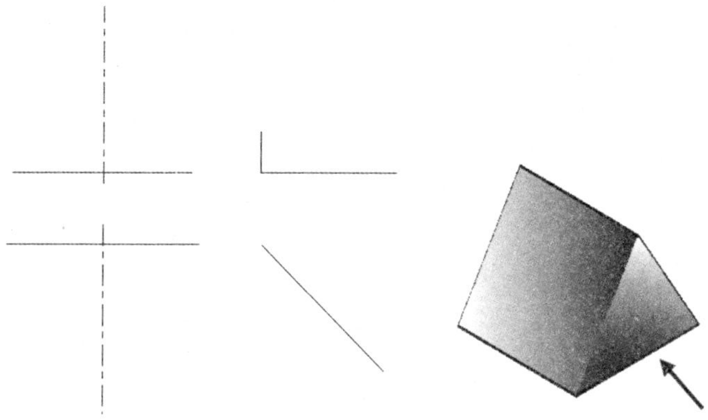

3.将木模摆成如下立体图位置，测量尺寸，画出正六棱柱体的三视图(箭头所指为主视方向)。

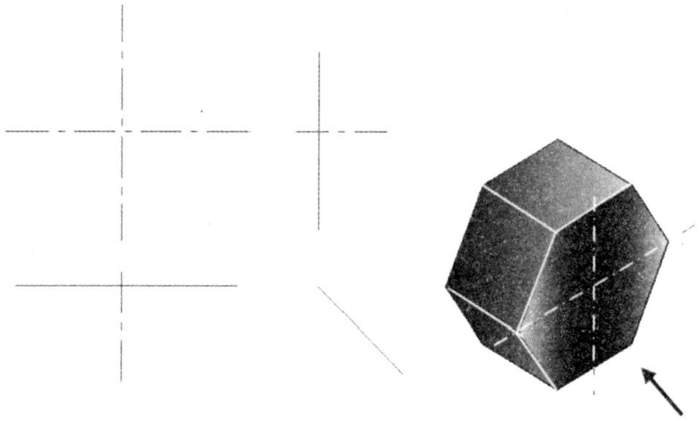

4.将木模摆成如下立体图位置，测量尺寸，画出正四棱锥体的三视图(箭头所指为主视方向)。

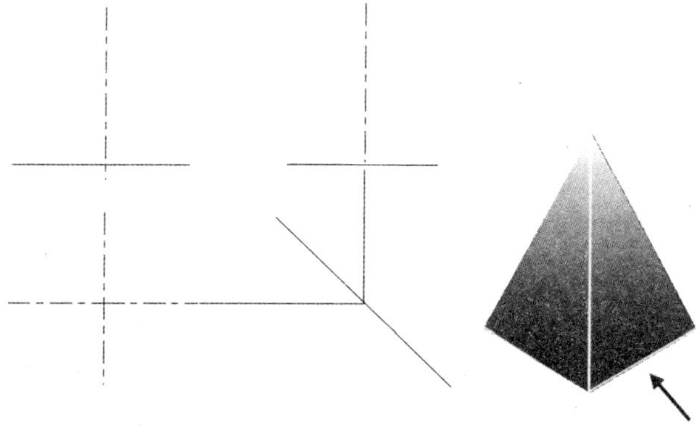

班级：　　　　学号：　　　　姓名：　　　　审阅：

1.将木模摆成如下立体图位置，测量尺寸，画出圆柱体的三视图(箭头所指为主视方向)。

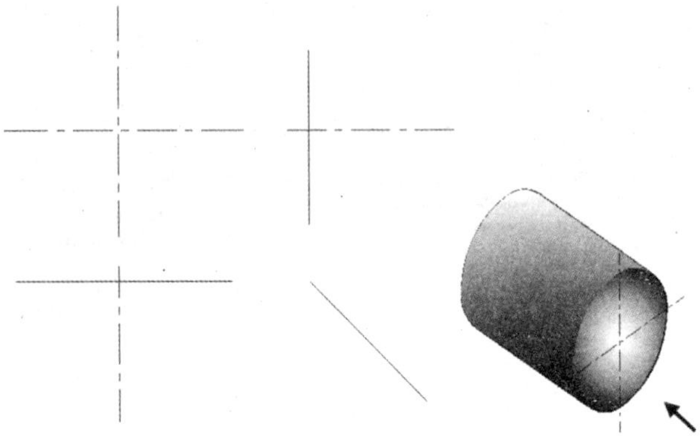

2.将木模摆成如下立体图位置，测量尺寸，画出半圆筒的三视图(箭头所指为主视方向)。

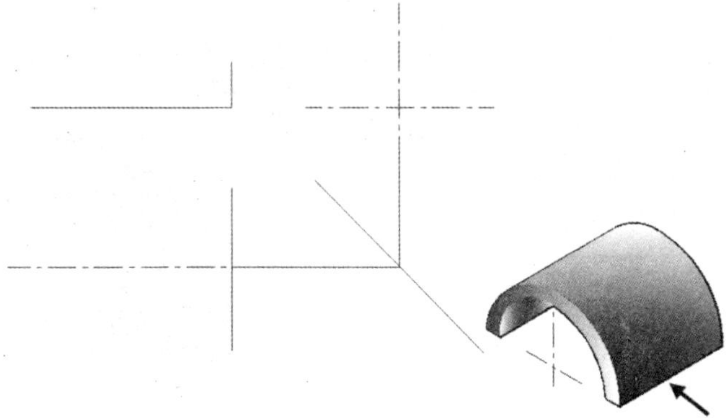

3.将木模摆成如下立体图位置，测量尺寸，画出圆锥体的三视图(箭头所指为主视方向)。

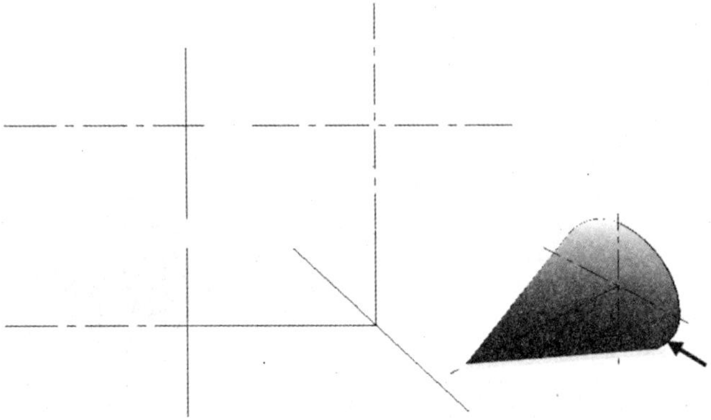

4.将木模摆成如下立体图位置，测量尺寸，画出半圆球体的三视图(箭头所指为主视方向)。

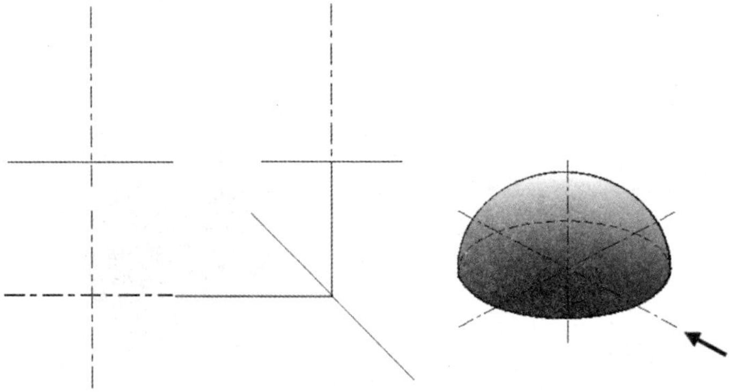

班级：　　学号：　　姓名：　　审阅：

1.根据实物模型，测量尺寸，徒手绘制正等轴测图。

（1）

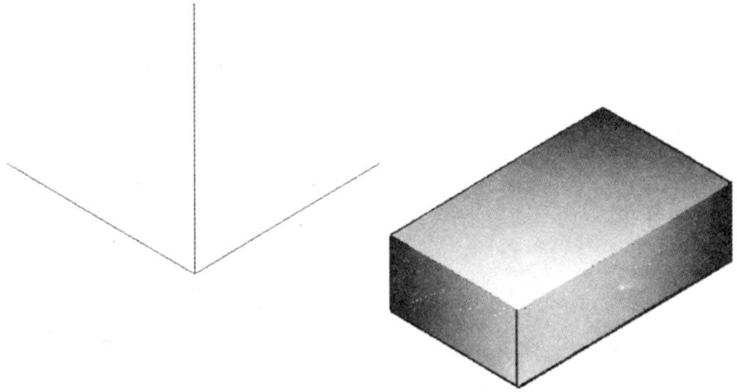

（2）

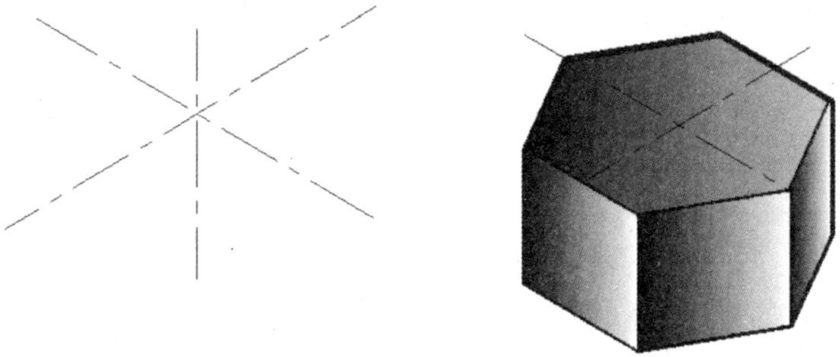

（3）

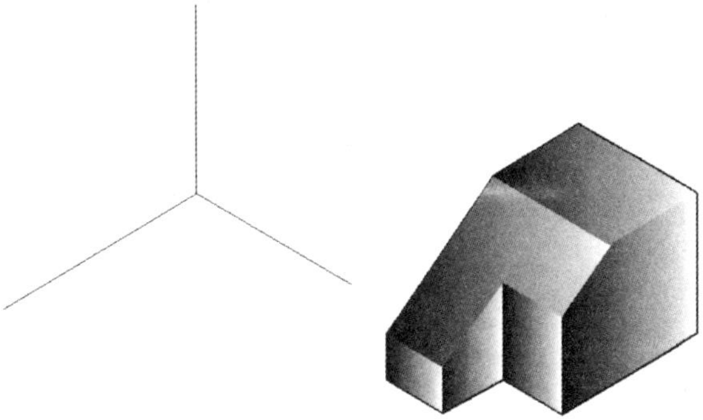

（4）

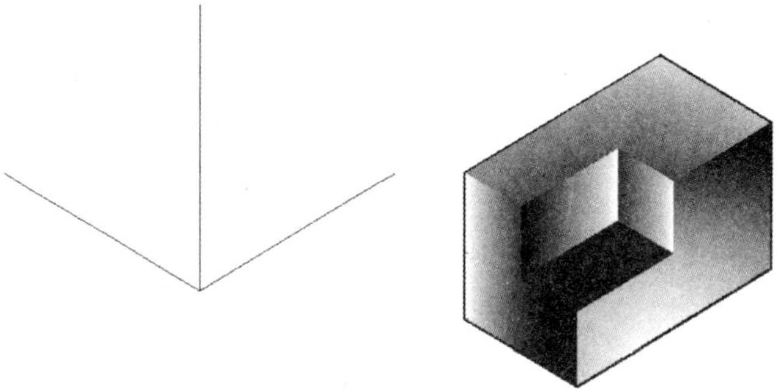

班级：　　学号：　　姓名：　　审阅：

（5）

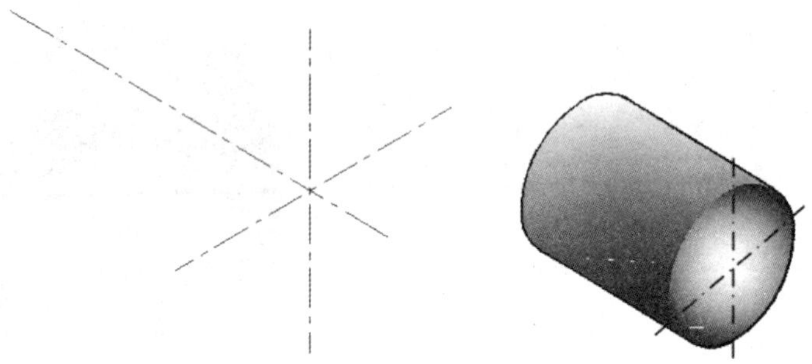

（6）

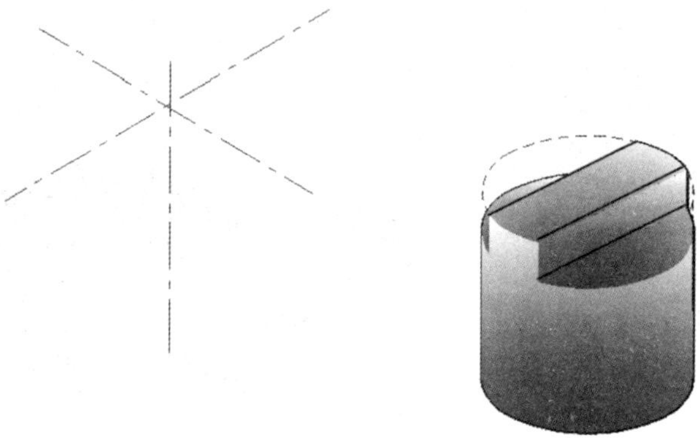

（7）

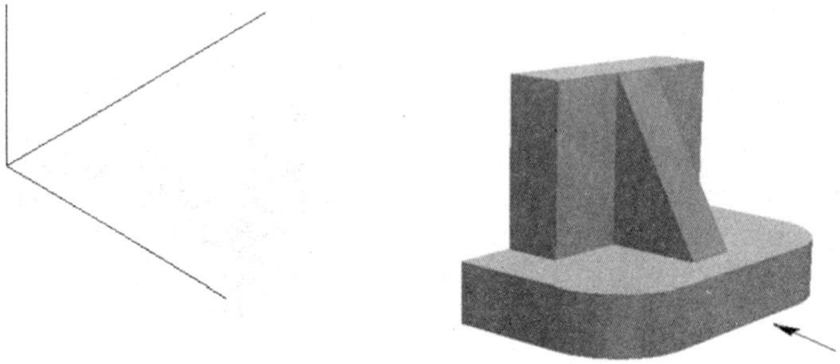

（8） 根据管道三面投影图，绘制管道轴测图。

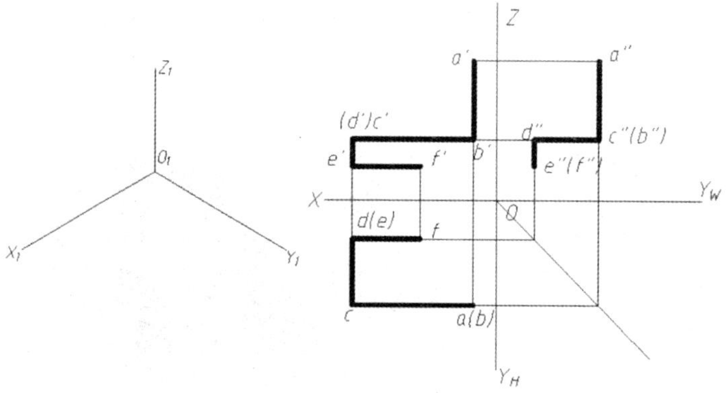

班级：　　学号：　　姓名：　　审阅：

2.根据实物模型，测量尺寸，徒手绘制斜二等轴测图。

（1）

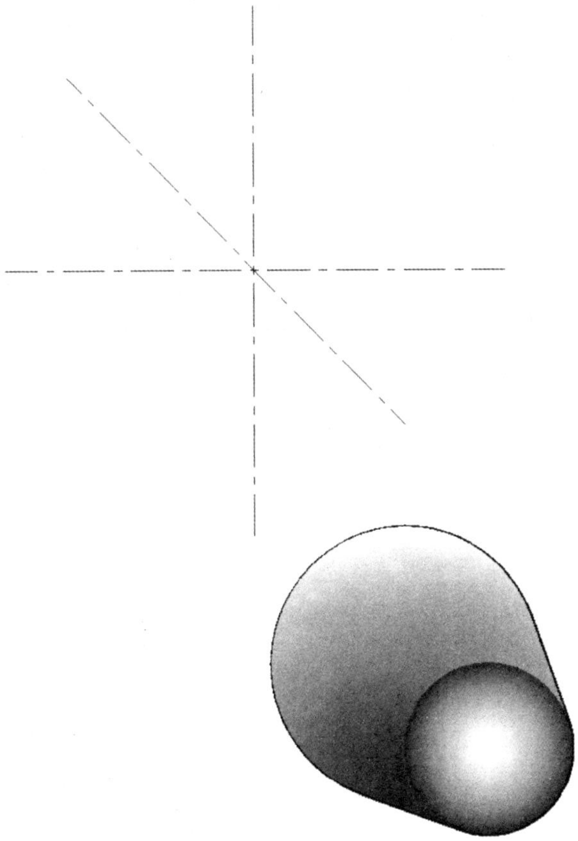

（2）

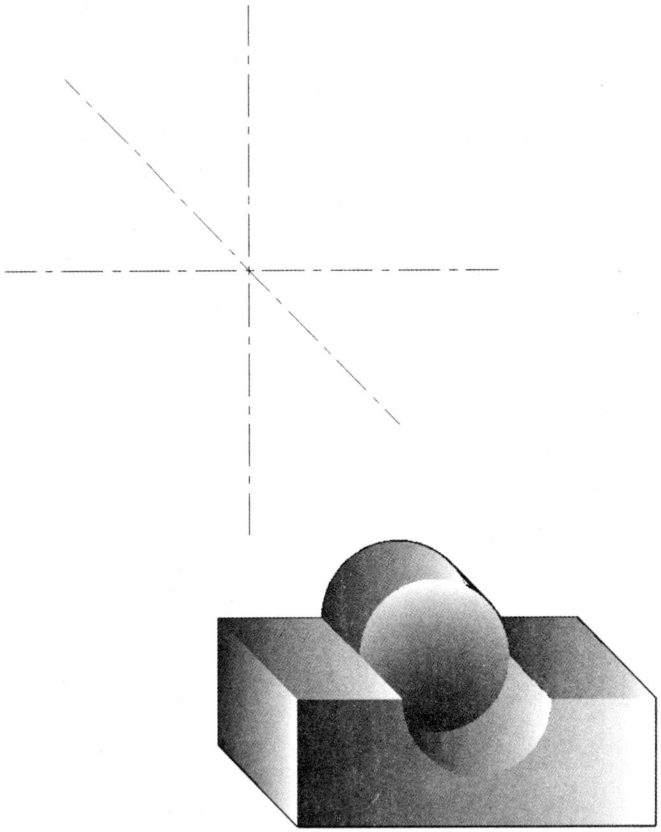

班级：　　　　学号：　　　　姓名：　　　　审阅：

1.根据轴测图，绘制组合体三视图，尺寸从轴测图中量取。

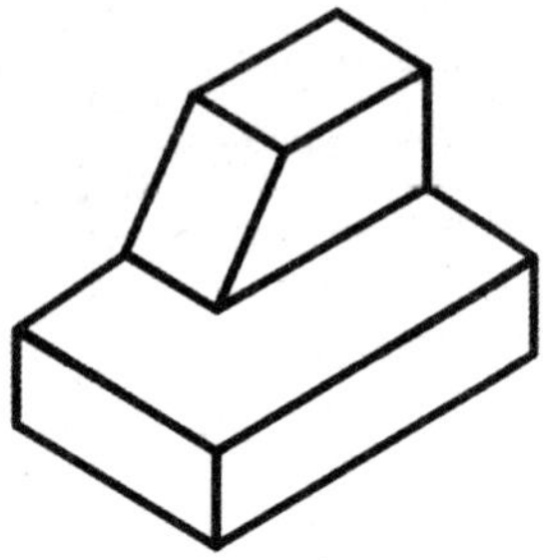

2.根据轴测图，绘制组合体三视图，尺寸从轴测图中量取。

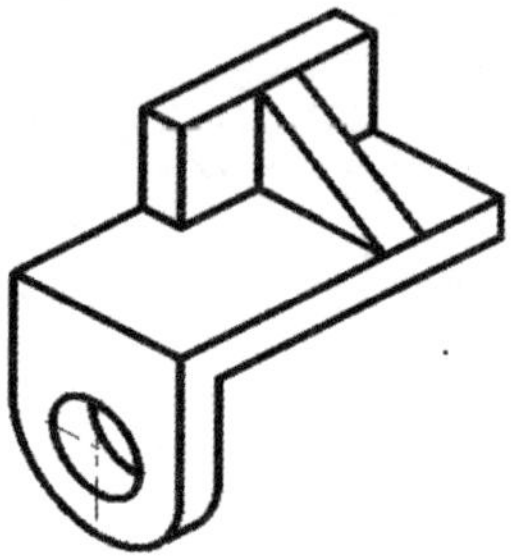

3.根据轴测图画全三视图，并描深轮廓。

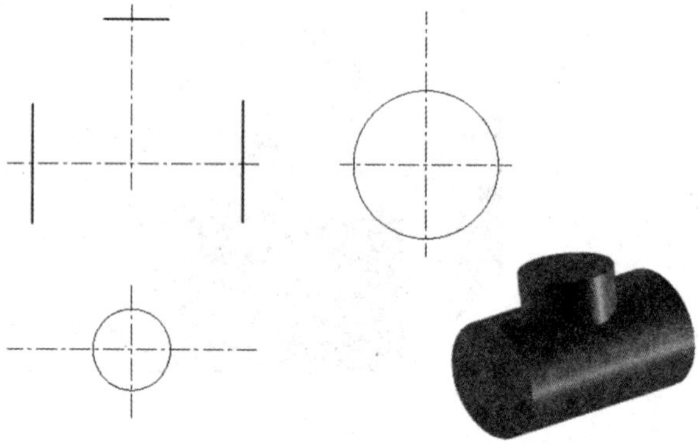

4.根据轴测图画全三视图，并描深轮廓。

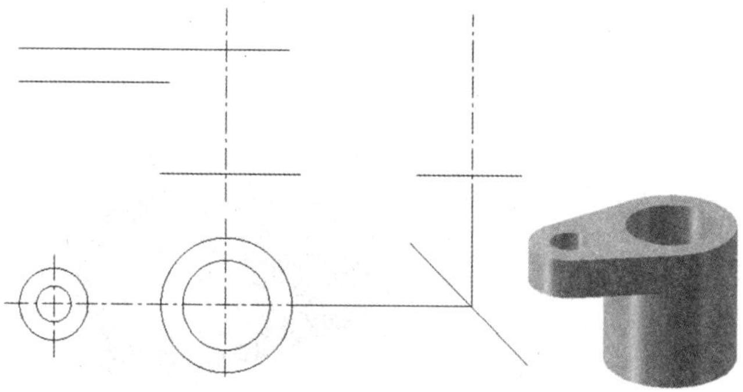

班级： 学号： 姓名： 审阅：

1.根据轴侧图，补画出第三视图。

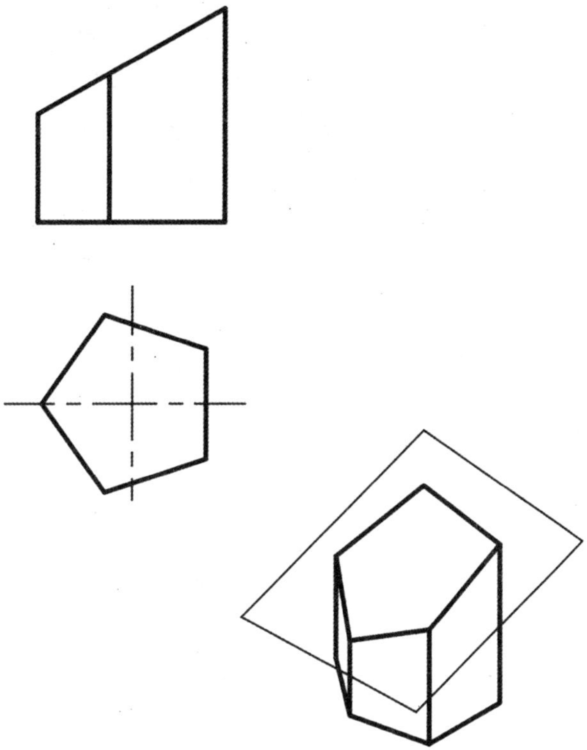

2.根据截切轴侧图，补画出第三视图。

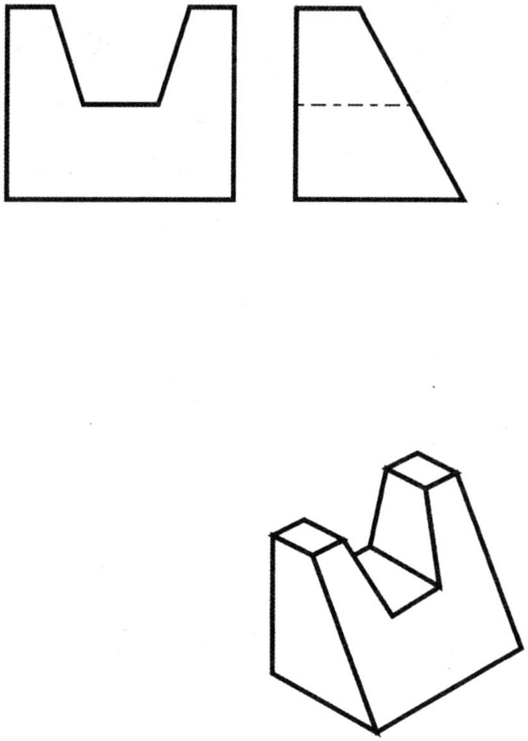

班级：　　学号：　　姓名：　　审阅：

3.根据轴测图，绘制组合体三视图，尺寸从轴测图中量取。

（1）

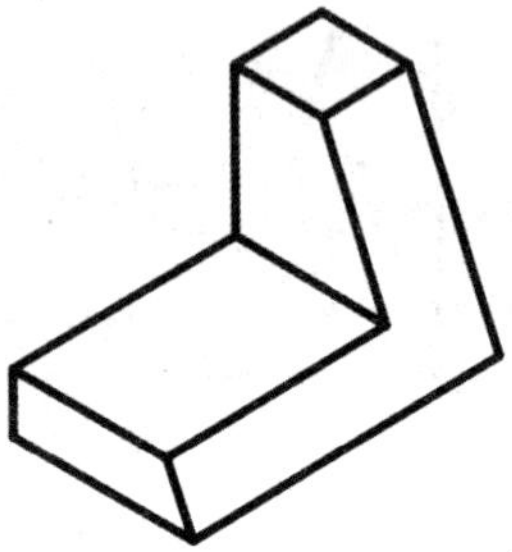

（2）

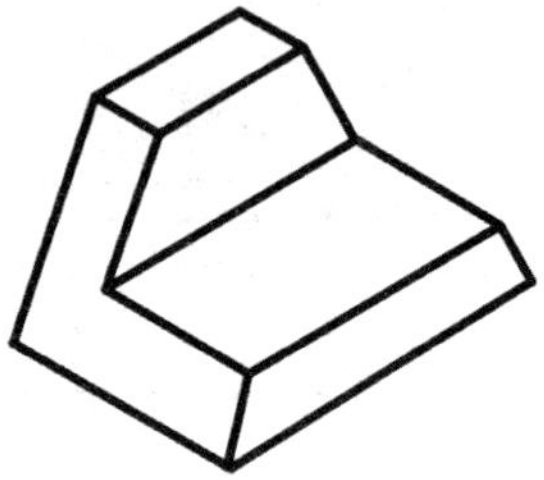

（3）

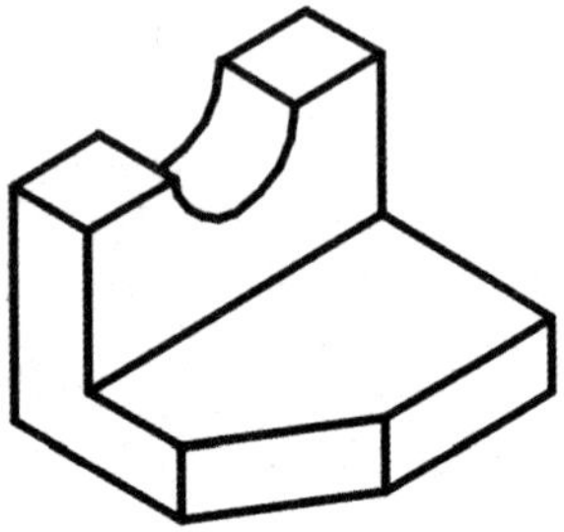

（4）

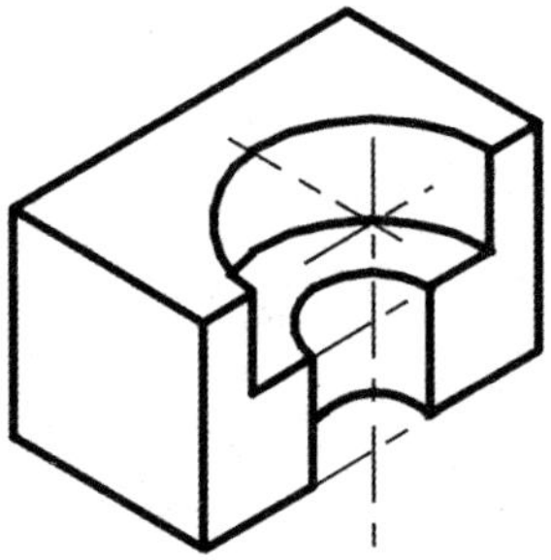

班级：　　学号：　　姓名：　　审阅：

4.根据轴测图，绘制组合体三视图。

（1）

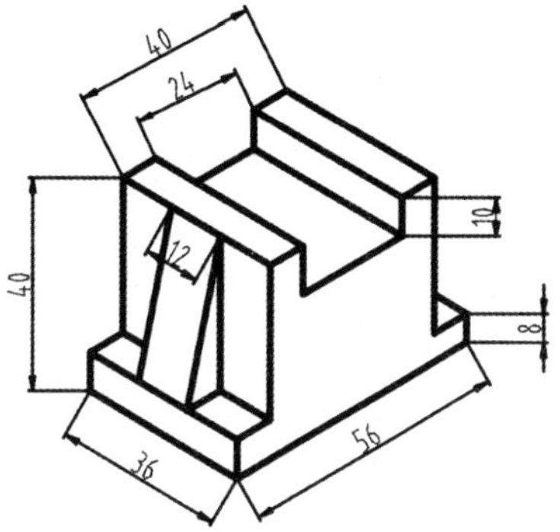

（2）

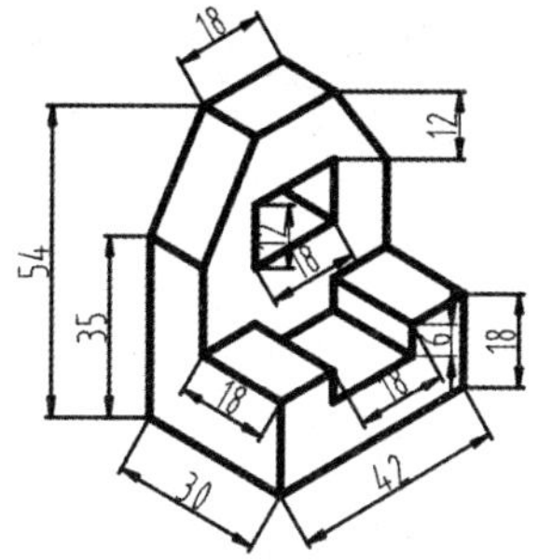

（3）

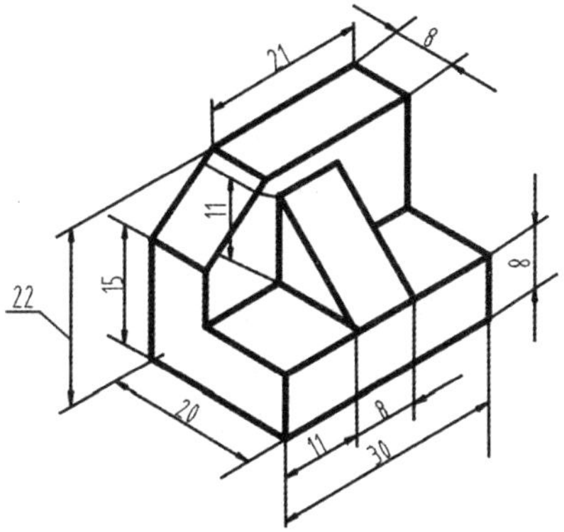

（4）

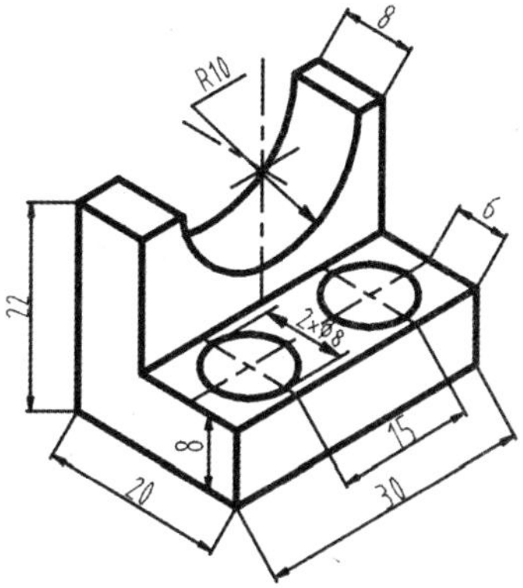

班级：　　　　学号：　　　　姓名：　　　　审阅：

根据轴测图，绘制组合体三视图。

（1）

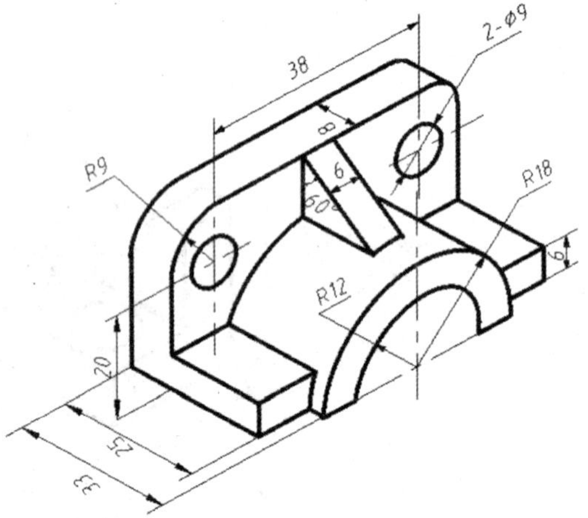

（2）

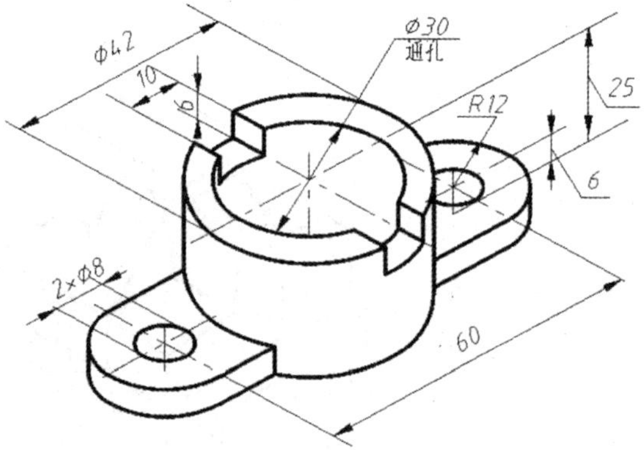

班级： 学号： 姓名： 审阅：

（3）

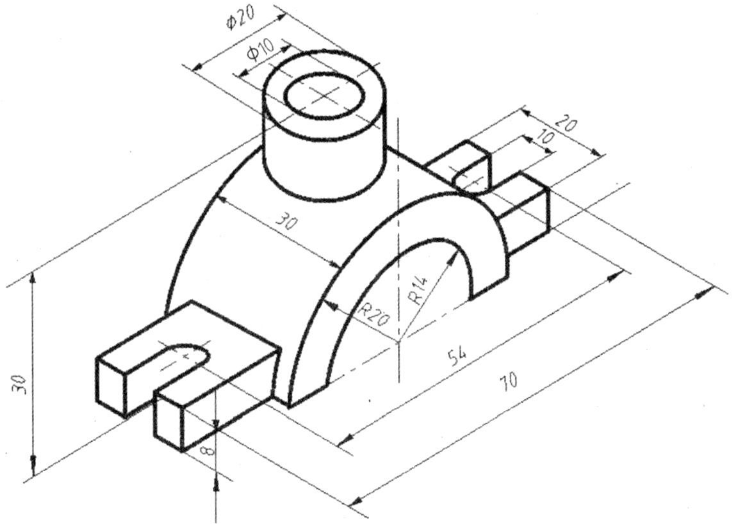

（4）采用1:2的比例。

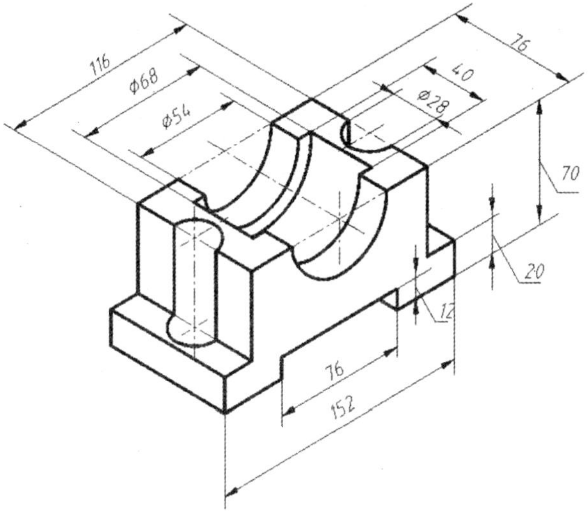

班级：　　学号：　　姓名：　　审阅：

（5）

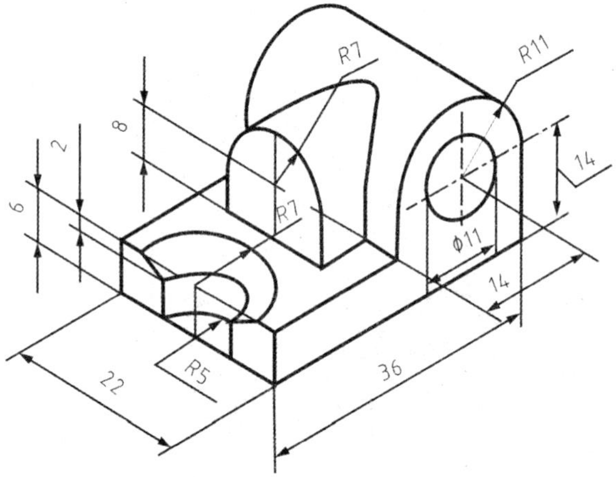
R7
R11
8
2
6
14
R7
ϕ11
14
22
R5
36

（6）

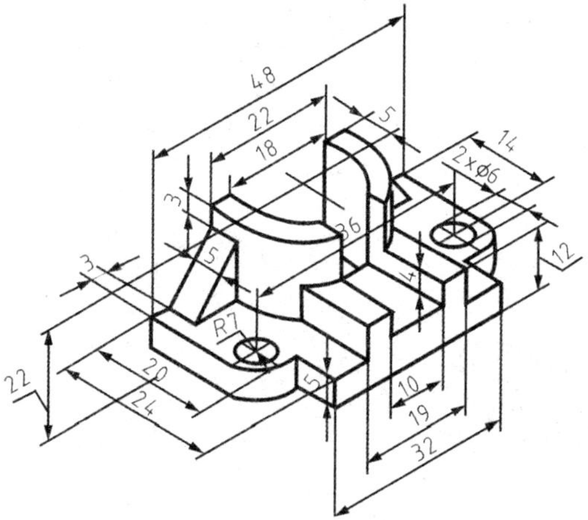
48
22
5
18
14
2×ϕ6
3
36
3
5
4
12
R7
22
20
24
5
10
19
32

班级：　　学号：　　姓名：　　审阅：

1.比较左图和右图，用对号勾出左图中尺寸标注错误的地方。

（1）

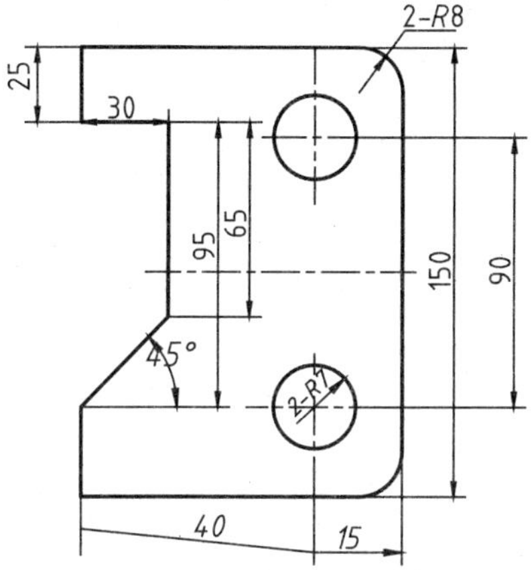

（2）

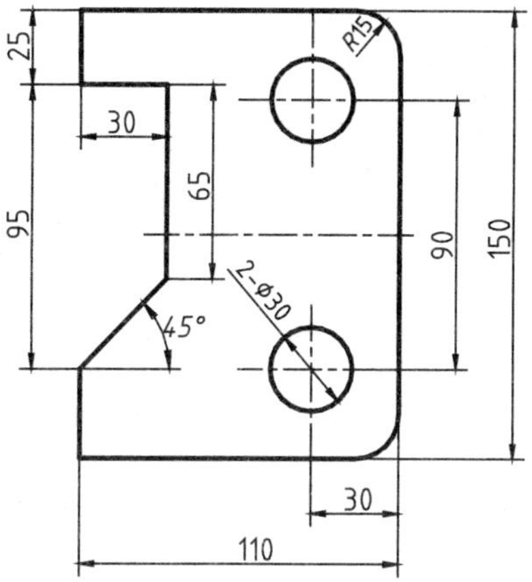

（3）

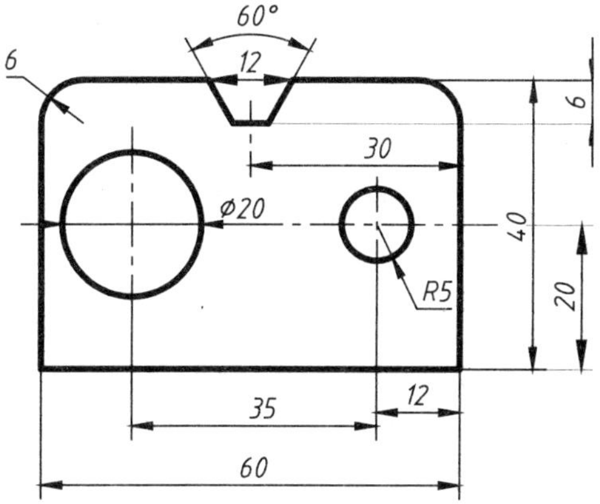

（4）

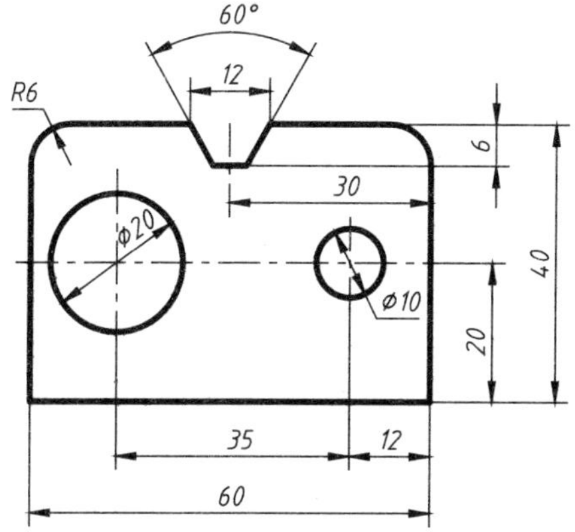

班级：　　　　学号：　　　　姓名：　　　　审阅：

2.用对号勾出（1）图中尺寸标注错误的地方，在（2）图中标注正确尺寸。

（1）

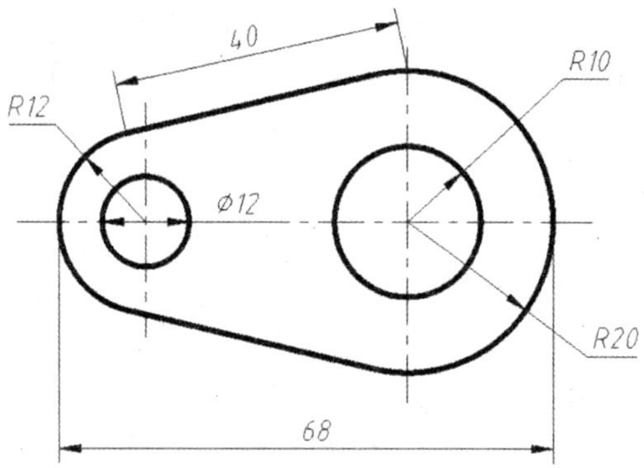

（2）

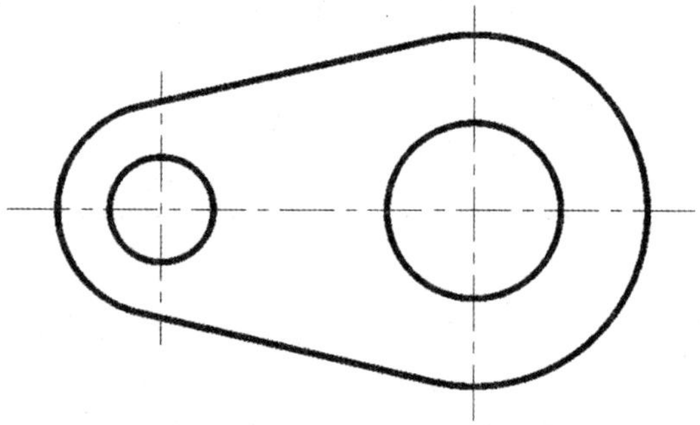

班级：　　学号：　　姓名：　　审阅：

3.指出下列视图中的重复尺寸（打“×”），并标注遗漏尺寸（尺寸数值从图中量取整数）。

（1）

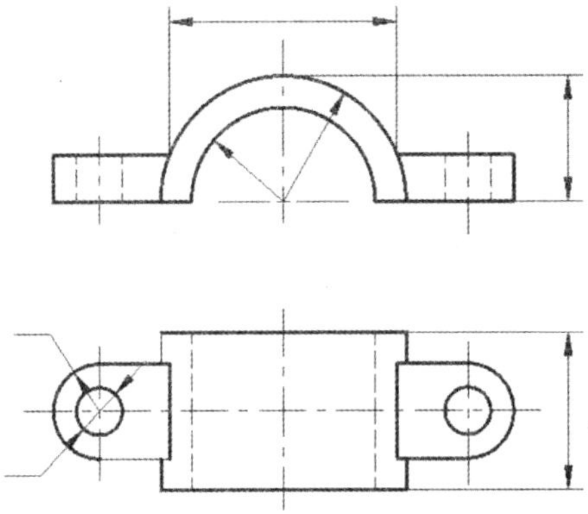

（2）

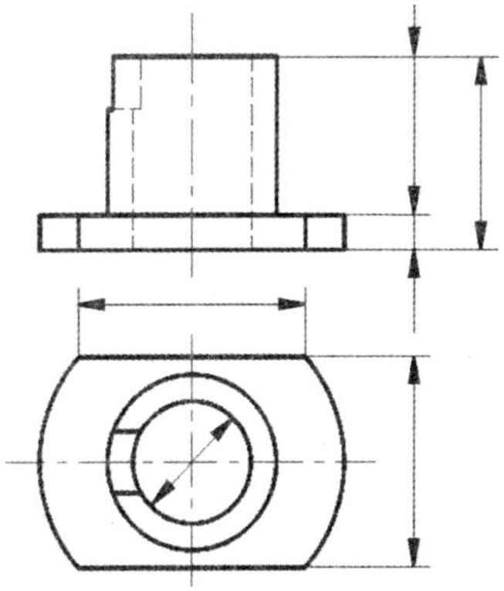

4.标注下列视图的尺寸（尺寸数值从图中量取整数）。

（1）

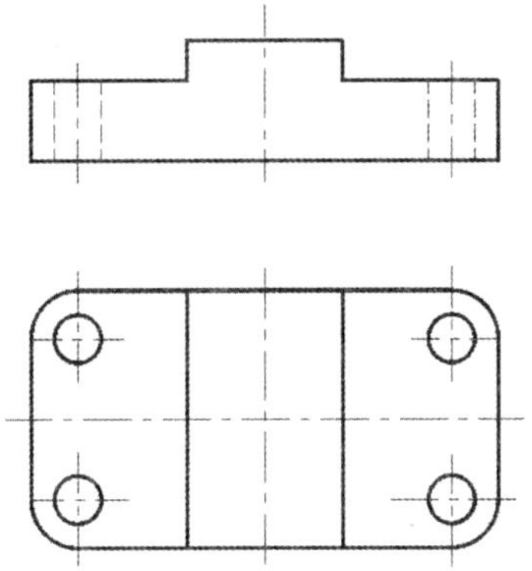

（2）

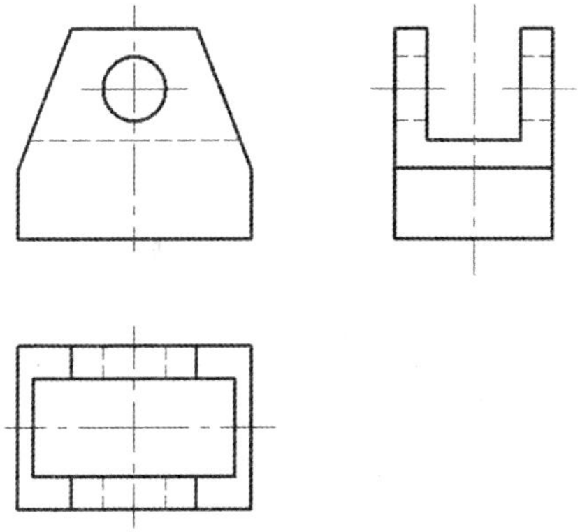

班级：　　学号：　　姓名：　　审阅：

5.根据轴测图上的尺寸，在三视图上标注完整、合理的尺寸。

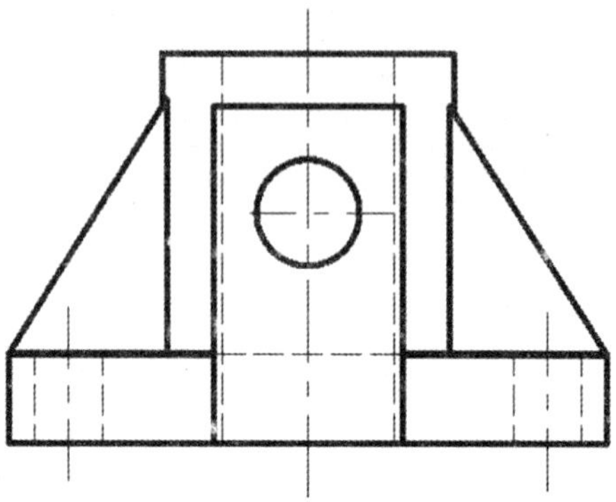

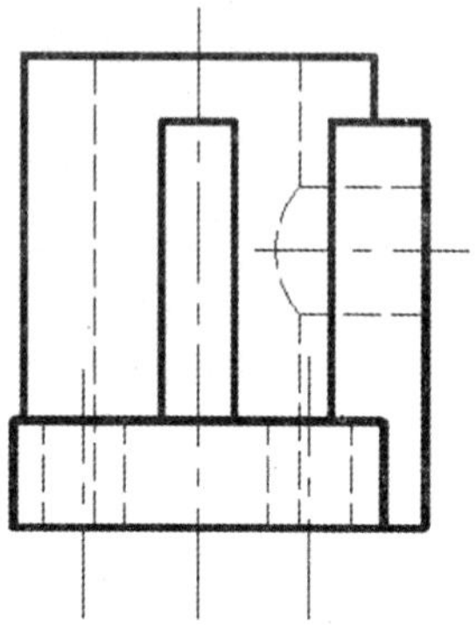

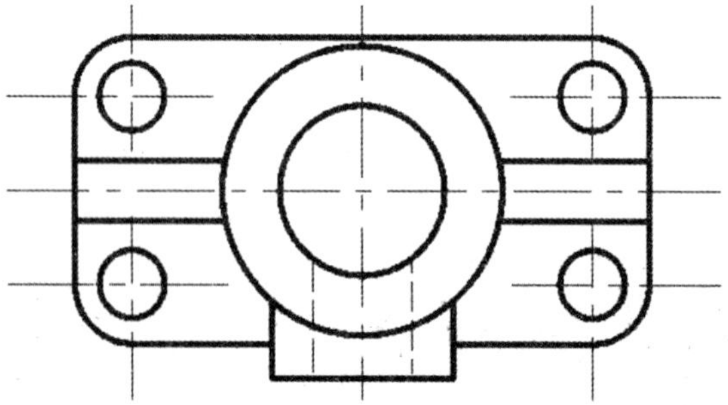

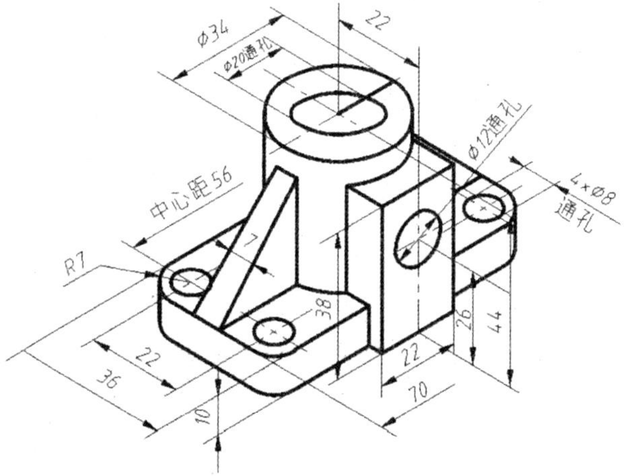

班级： 学号： 姓名： 审阅：

根据下面轴测图及尺寸，用AutoCAD绘制组合体三视图并标注尺寸（选择项目一中所建立的A4样板文件,另存为一个名为“组合体.dwg”的图形文件，在此图形文件中绘制组合体三视图即可）。

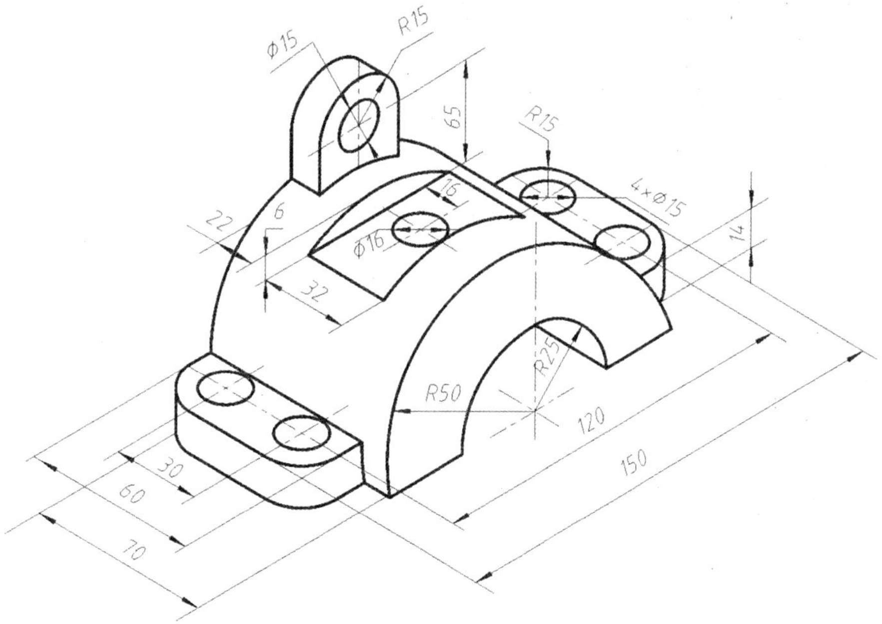

班级：　　　　学号：　　　　姓名：　　　　审阅：

判断下列图中所指线框是什么面（如正平面、侧垂面、圆柱面等），并比较相对位置。

（1）

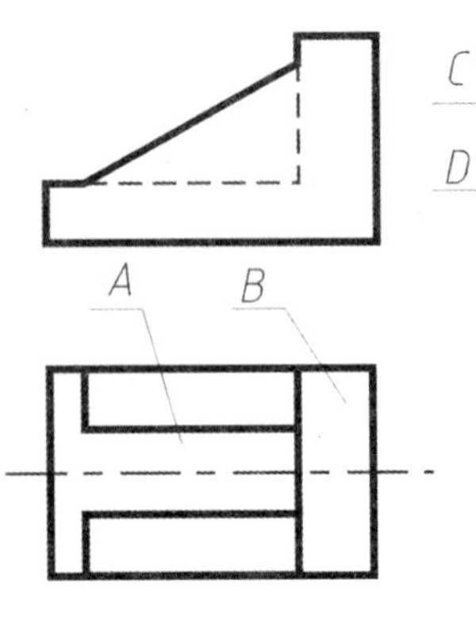

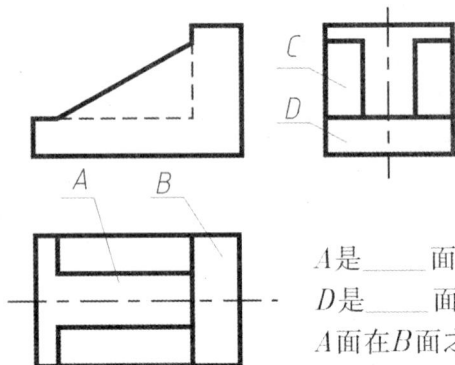

A是_____面；C是_____面；
D是_____面；
A面在B面之_____（上、下）；
C面在D面之_____（左、右）。

（2）

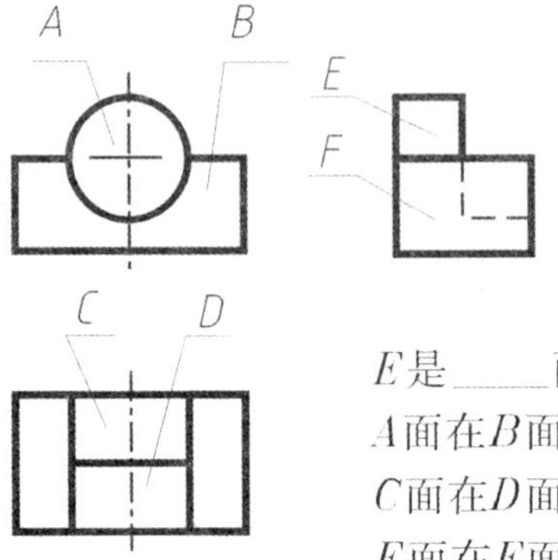

E是_____面；F是_____面；
A面在B面之_____（前、后）；
C面在D面之_____（上、下）；
E面在F面之_____（左、右）。

（3）

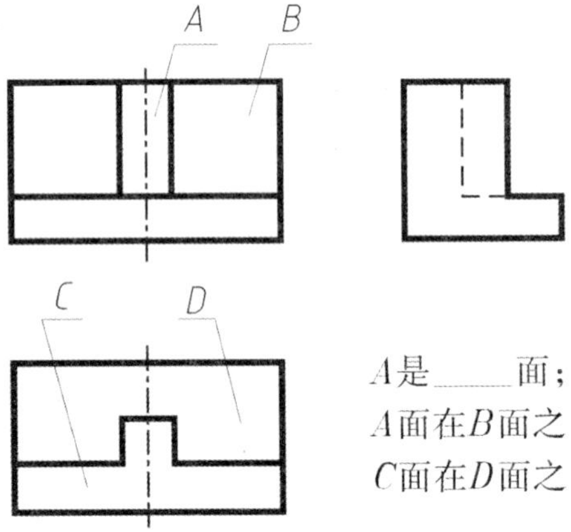

A是_____面；D是_____面；
A面在B面之_____（前、后）；
C面在D面之_____（上、下）。

（4）

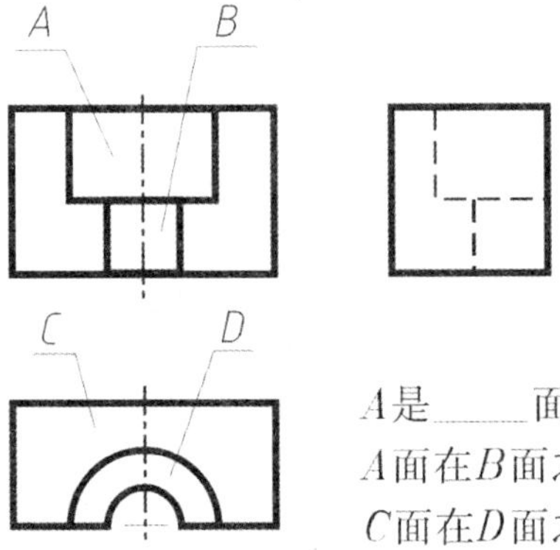

A是_____面；D是_____面；
A面在B面之_____（前、后）；
C面在D面之_____（上、下）。

班级：　　　学号：　　　姓名：　　　审阅：

根据两视图选择正确的第三视图

(1)

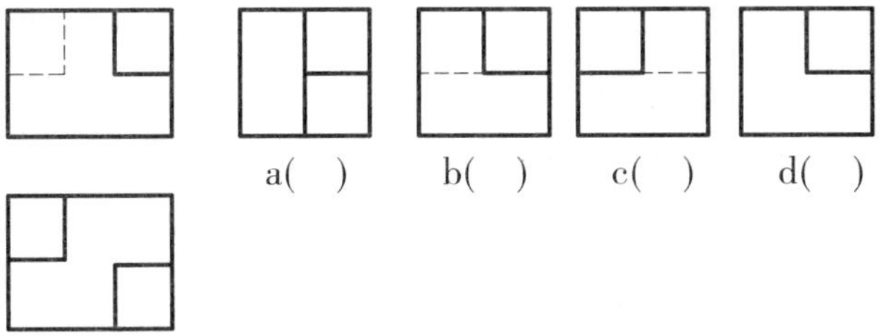

(2)

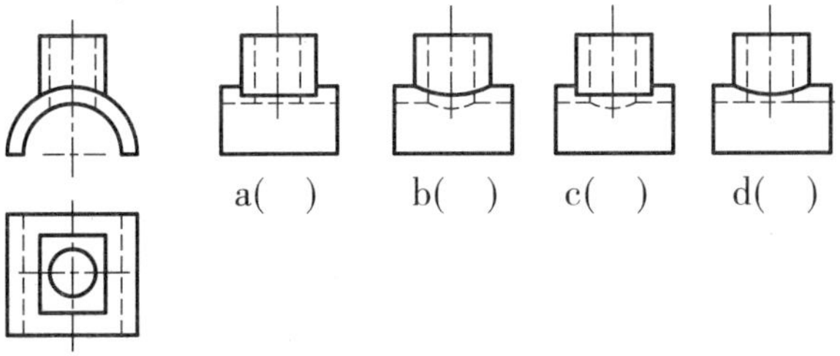

(3)

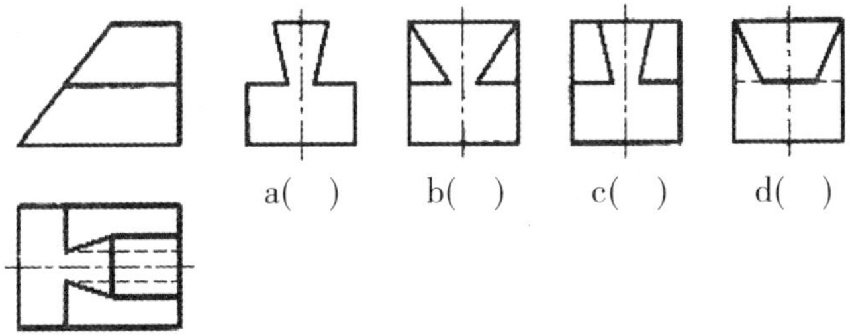

(4)

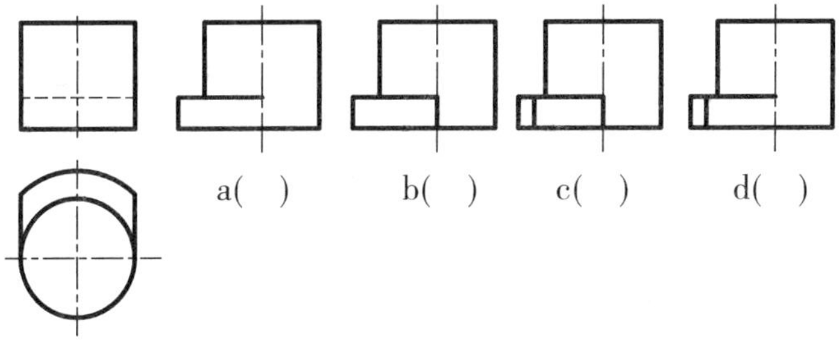

(5)

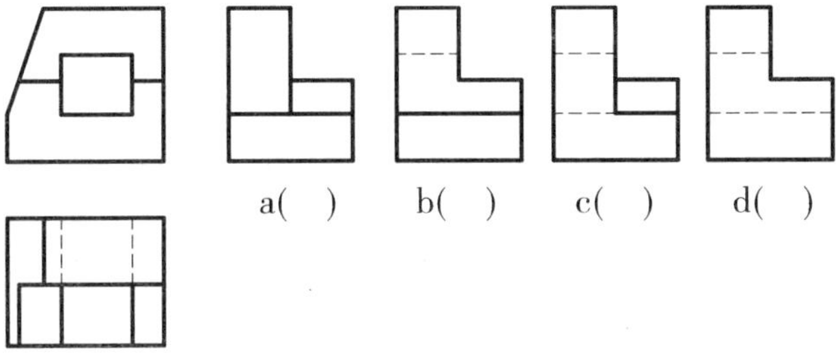

(6)

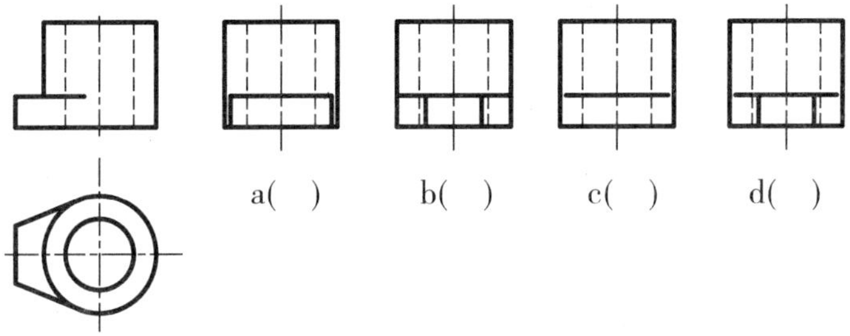

班级：　　学号：　　姓名：　　审阅：

补画第三视图。

（1）

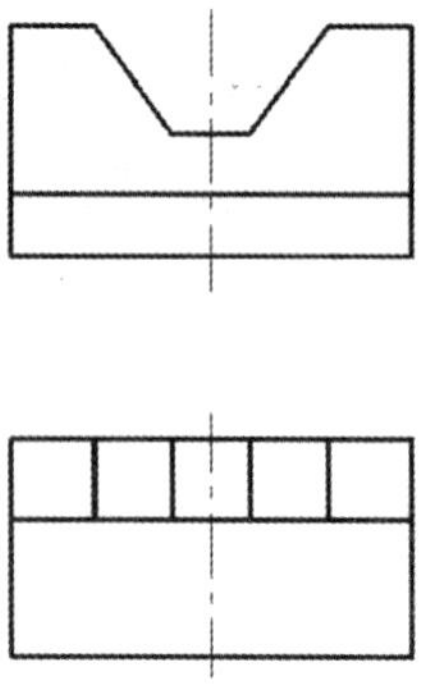

（2）

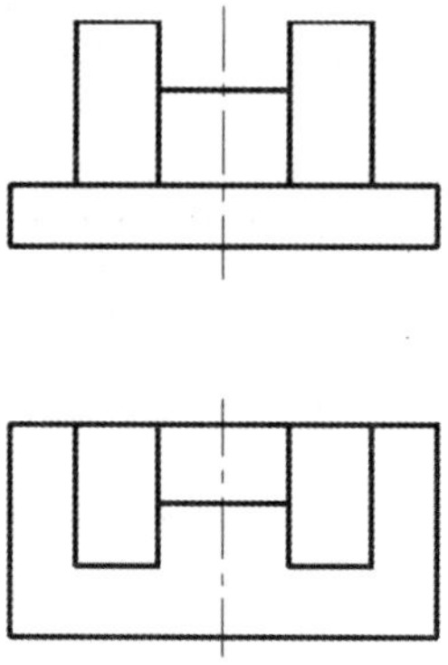

（3）

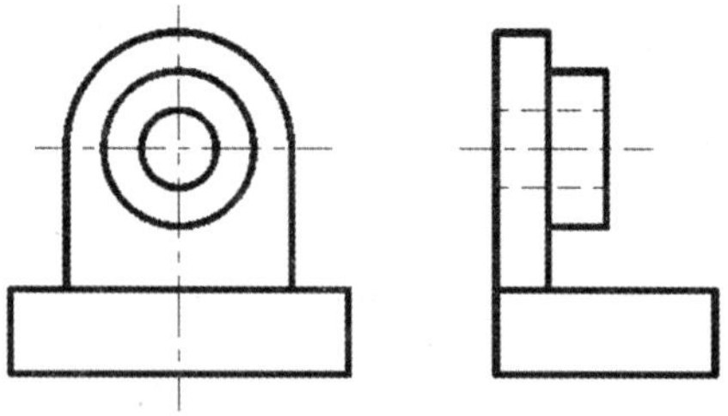

（4）

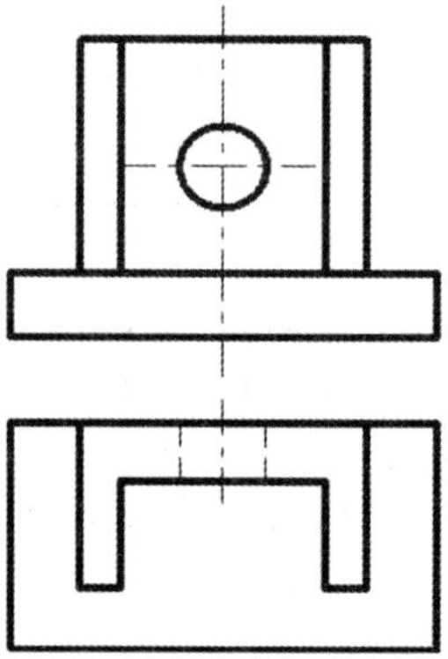

班级： 学号： 姓名： 审阅：

（5）

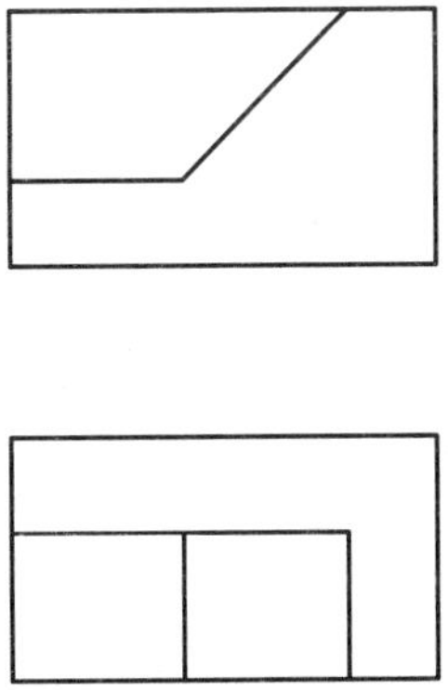

（6）

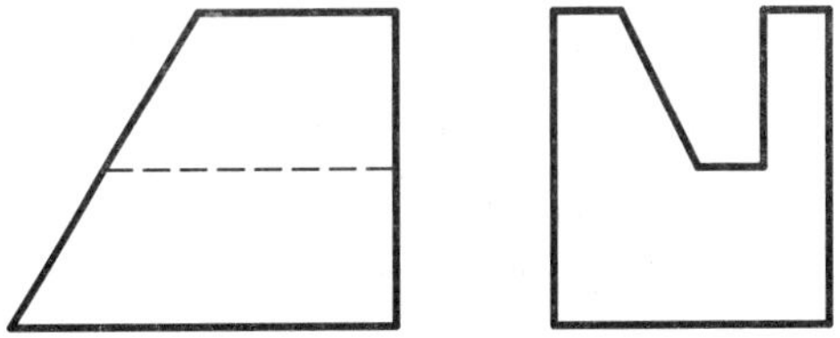

（7）

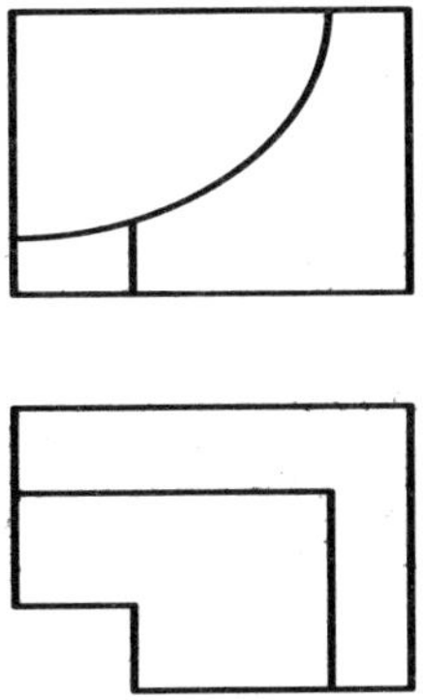

（8）

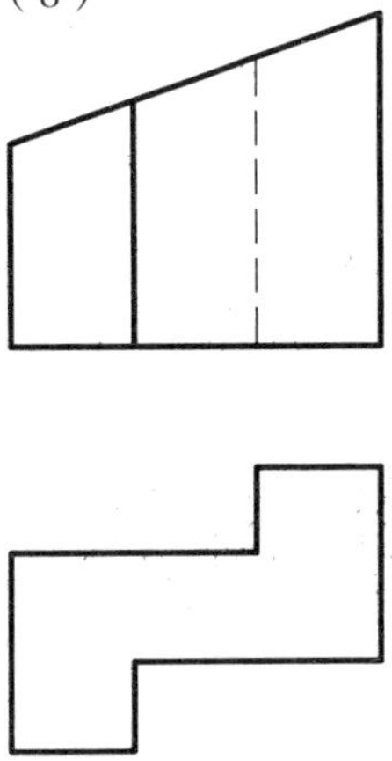

班级： 学号： 姓名： 审阅：

补漏线。

(1)

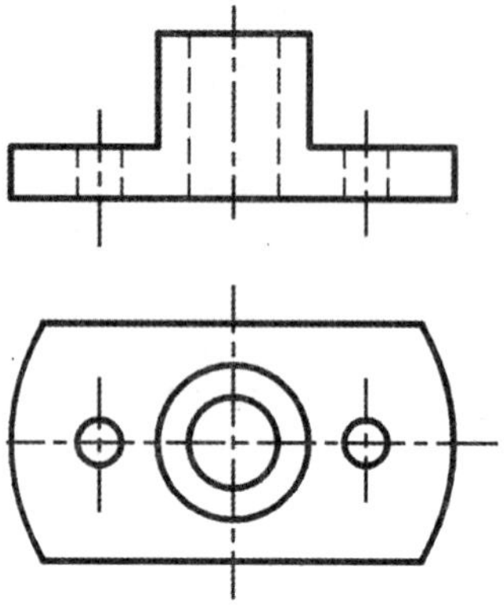

(2)

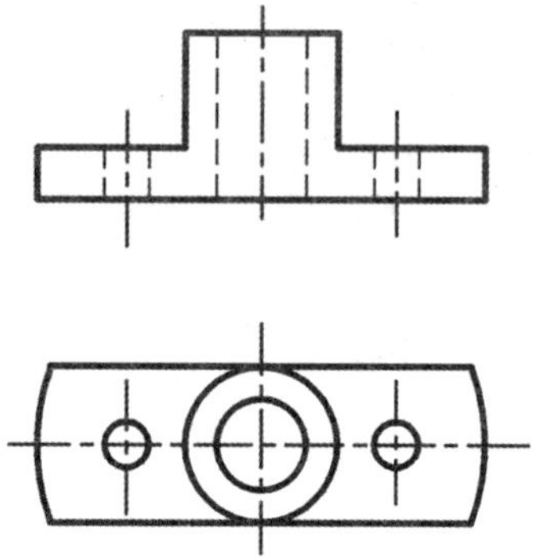

(3)

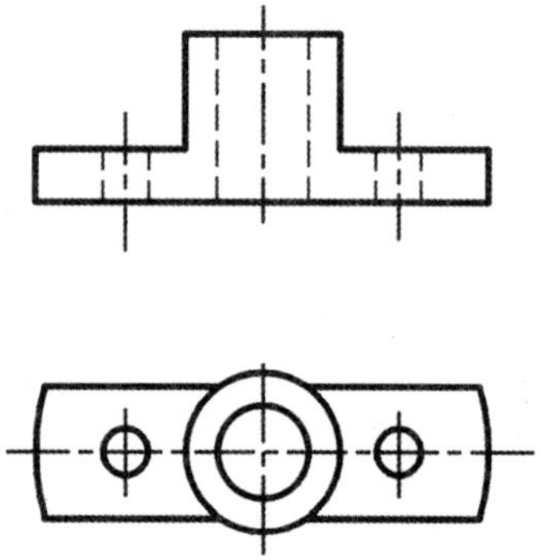

(4)

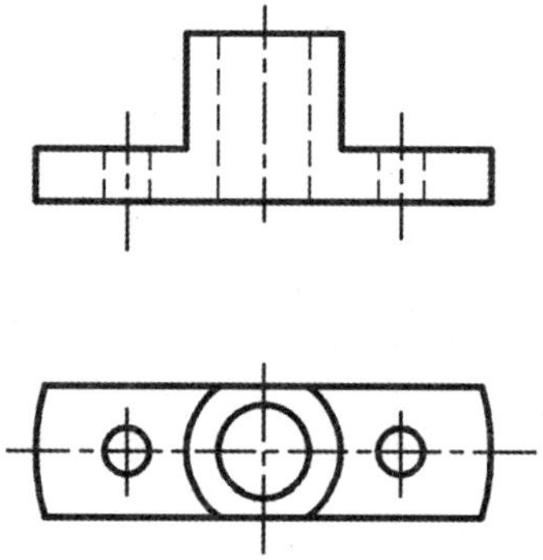

班级：　学号：　姓名：　审阅：

（5）

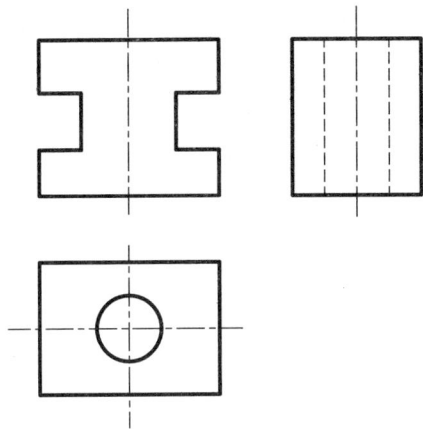

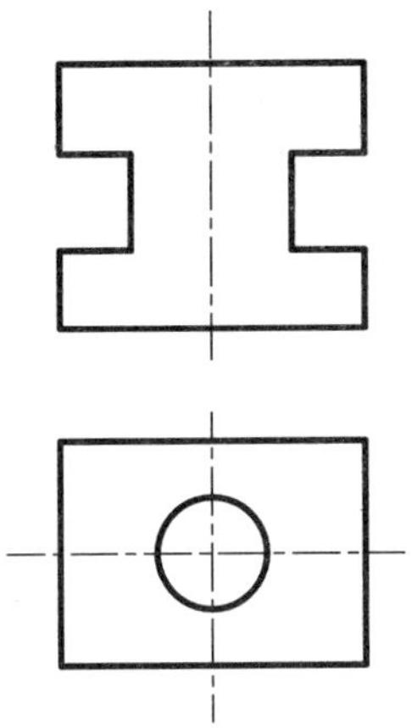

（6）

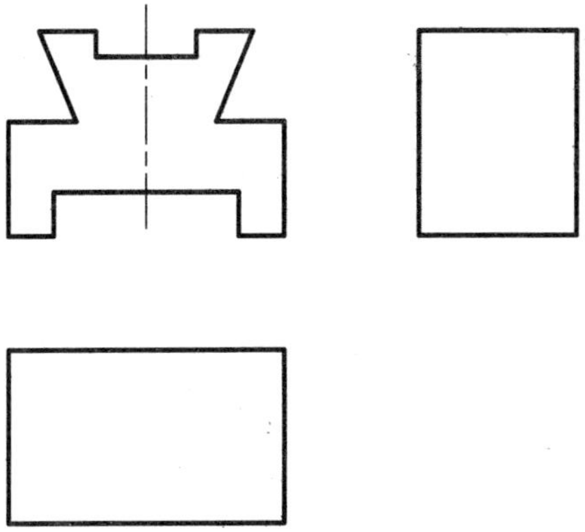

（7）

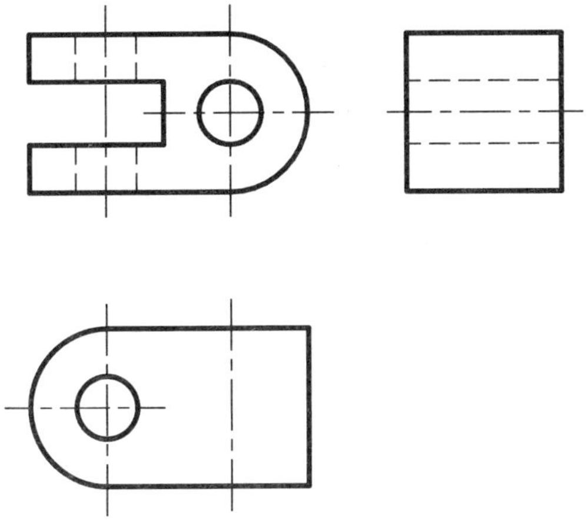

（8）

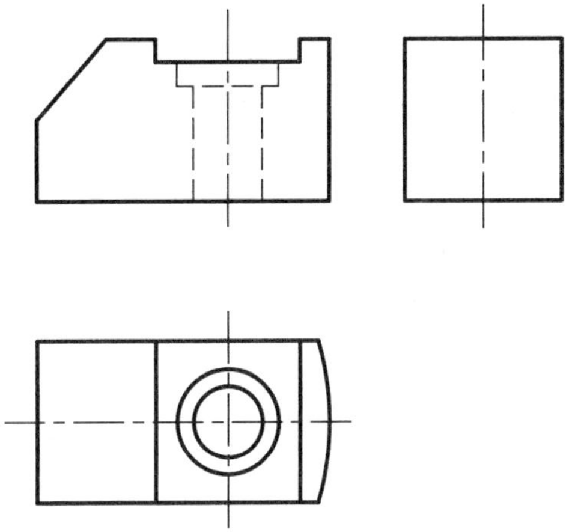

班级：　　　　学号：　　　　姓名：　　　　审阅：

(9)

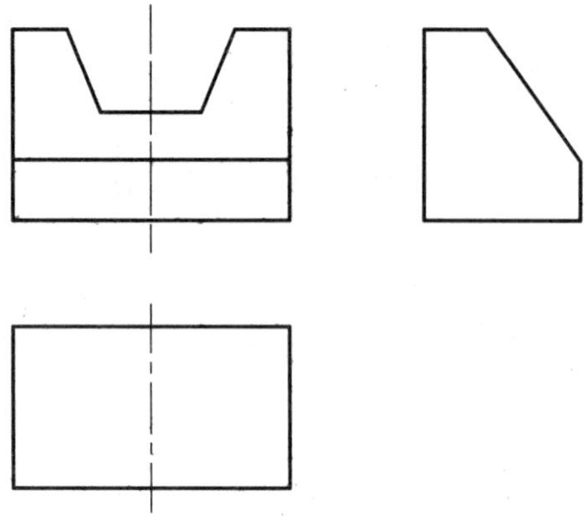

(10)

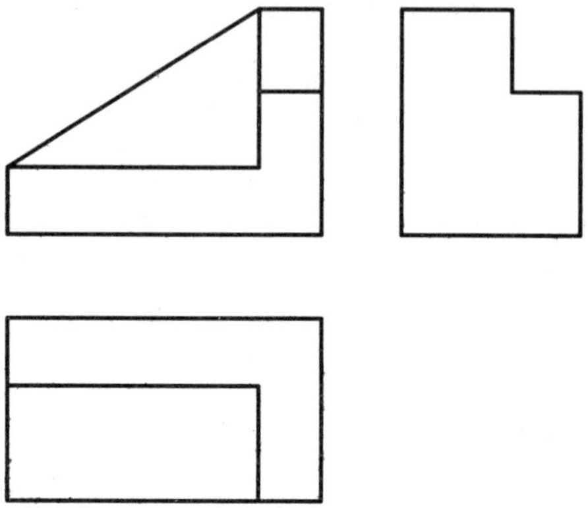

(11)

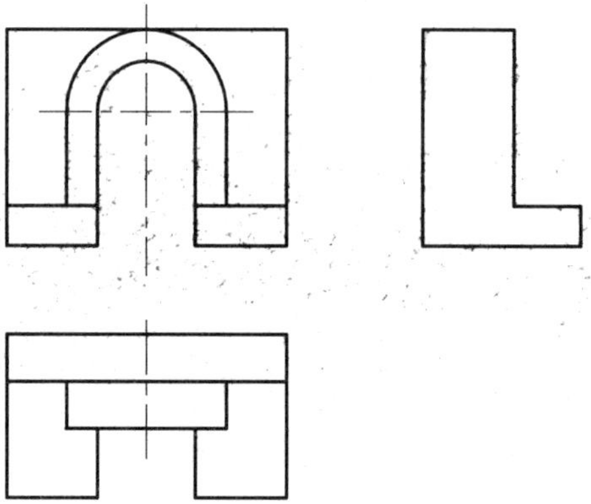

(12)

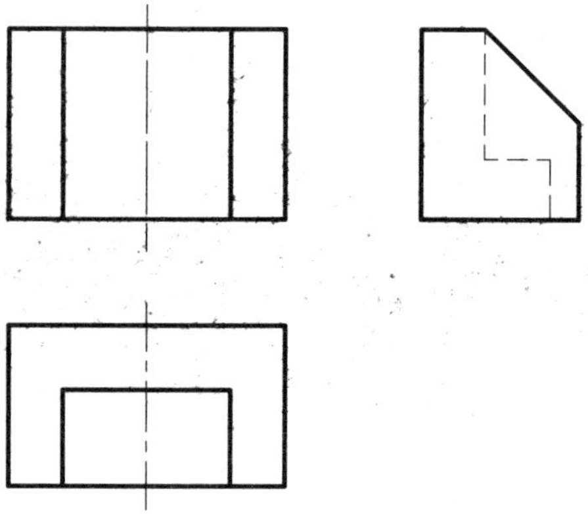

班级： 学号： 姓名： 审阅：

识读下列组合体三视图，填空回答问题。

1.问题：

（1）该组合体属于______类组合体，可采用______法识图。该组合体可分为 ______ 个基本几何体。

（2）形体I的几何体原型是______，其定形尺寸是______、______ 和 ______ 。

（3）形体Ⅱ原型是定形尺寸为长____、宽____、高____的______体；在该形体上挖切了两个直径为____的小孔，其定位尺寸为______和______。

（4）形体Ⅳ的原型是______体，其定形尺寸为____和____。

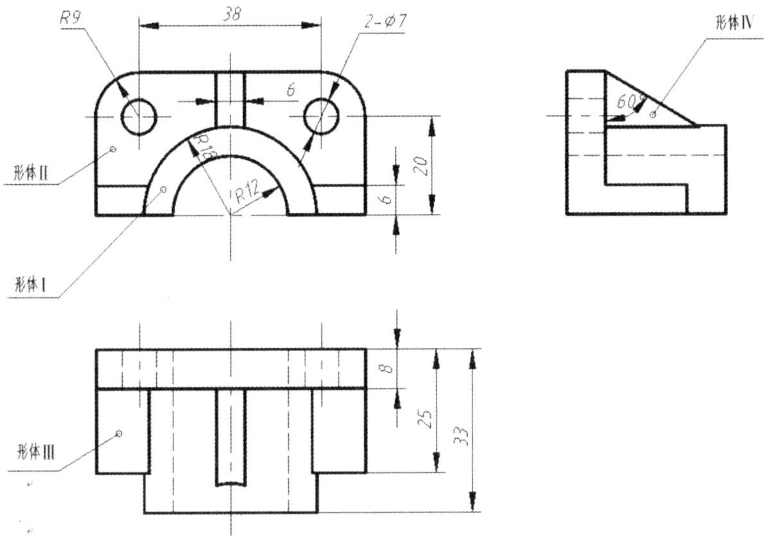

2.问题：

（1）该组合体属于______类组合体，可采用______法识图。该组合体可分为______个基本几何体,分别是腰圆底板和空心圆筒。

（2）底板厚______，前后面是直径为______的圆弧面，左右钻了两个直径是______的小孔，其定位尺寸____是____。

（3）圆筒定形尺寸为____、____和____；在该形体上端挖切了一个倾斜角度为______的锥孔，该结构在机件上称为倒角。

（4）该组合体总体尺寸为长____、宽____、高______。

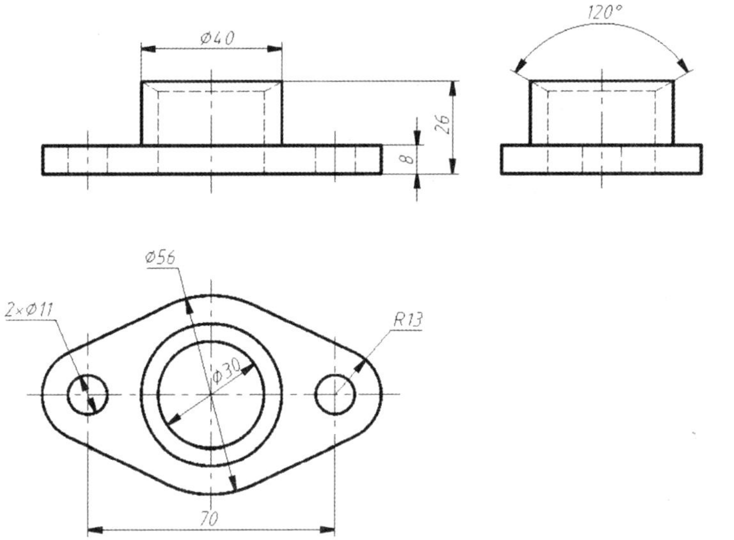

班级：　　　　学号：　　　　姓名：　　　　审阅：

1.认识轴套类零件，回答相关问题：

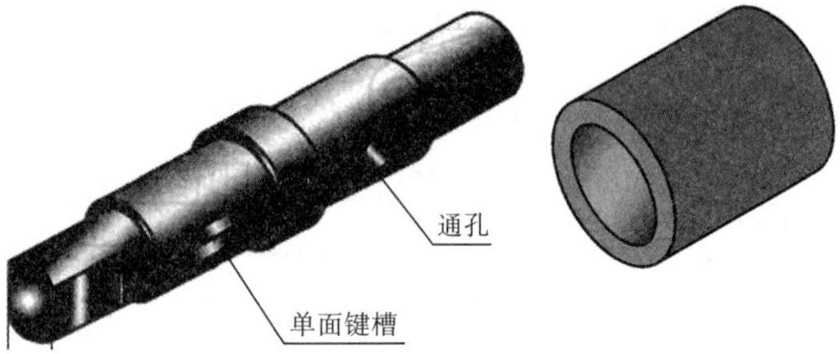

轴　　轴套

（1）此类零件基本形体为______体，主要在______上加工，主视图一般将轴线横放，符合______位置，一般只用一个基本视图，即______。

（2）实心轴上的键槽、钻孔等结构，一般用______图和______图表示；空心轴套则采用适当的______图表达内部结构。

（3）截面形状不变而又较长的部分，可采用______画法绘制。

（4）轴上有退刀槽等细小结构时，可采用____图绘制。

2.认识轮盘类零件，回答相关问题：

填料压盖

（1）这类零件主要起压紧、密封、支承、连接、分度及防护作用，基本形状是______，常带有一些孔、槽、肋和轮辐等结构，主要在______上加工。

（2）它们的主视图一般按照_____位置放置，轴线_____放置。但当零件直径很大或基本形状不是回转体时，将改变加工位置，将轴线放成______位置。

（3）此类零件一般选用______个基本视图并按内外结构形状的需要，作适当______和简化画法，细部结构可采用图。

班级：　　学号：　　姓名：　　审阅：

3.认识叉架类零件，回答相关问题：

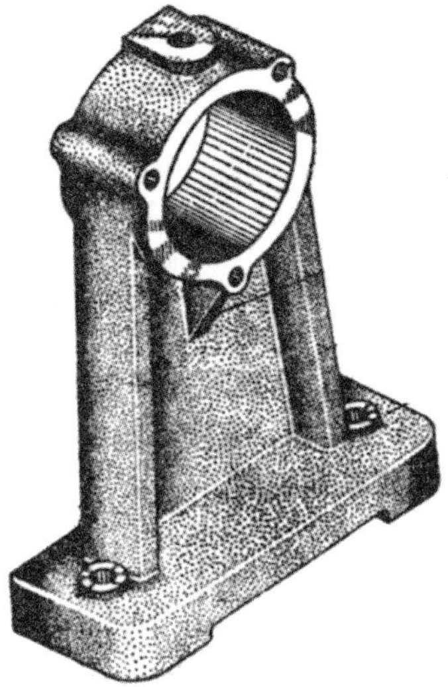

轴承座

连杆、拨叉、支座等属于叉架类零件。此类零件在装配体中主要用于_____或_____零件，结构形状随零件作用而定，一般_____简单，____结构比较复杂，且往往带有_____结构,所以需经不同机械加工，_____位置多变且分不出主次。在选择主视图时，主要考虑_____位置和______。一般需要两个图形，除主视图外，通常采用一些_____及_____。

4.认识箱体类零件，回答相关问题：

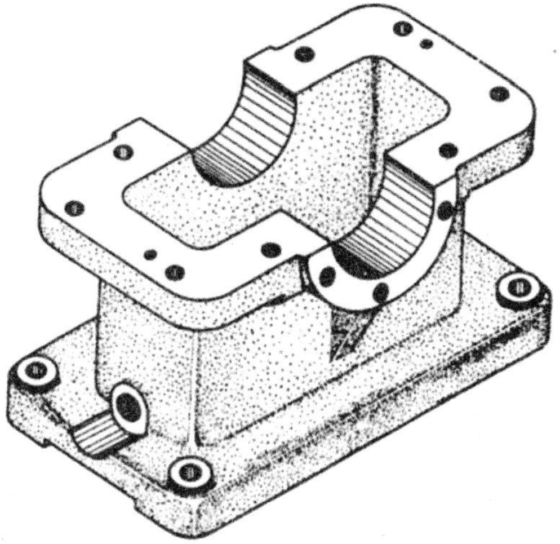

减速箱体

减速箱体包括阀体、箱体、泵体等。箱体类零件是用来____、______、______运动零件的机架。这类零件内部具有__和_____等结构，形状一般较_____，制造这类零件时，既要加工起_____、_____作用的底面，又要加工侧面和顶面以及孔和凸台等表面，所以_____位置多变，选择主视图时，常以_____位置和_____为依据。一般至少需要三个基本视图，并配以_____和_____等图样画法才能完整、清晰地表达其结构。

班级：　　　学号：　　　姓名：　　　审阅：

5.轴零件图样。

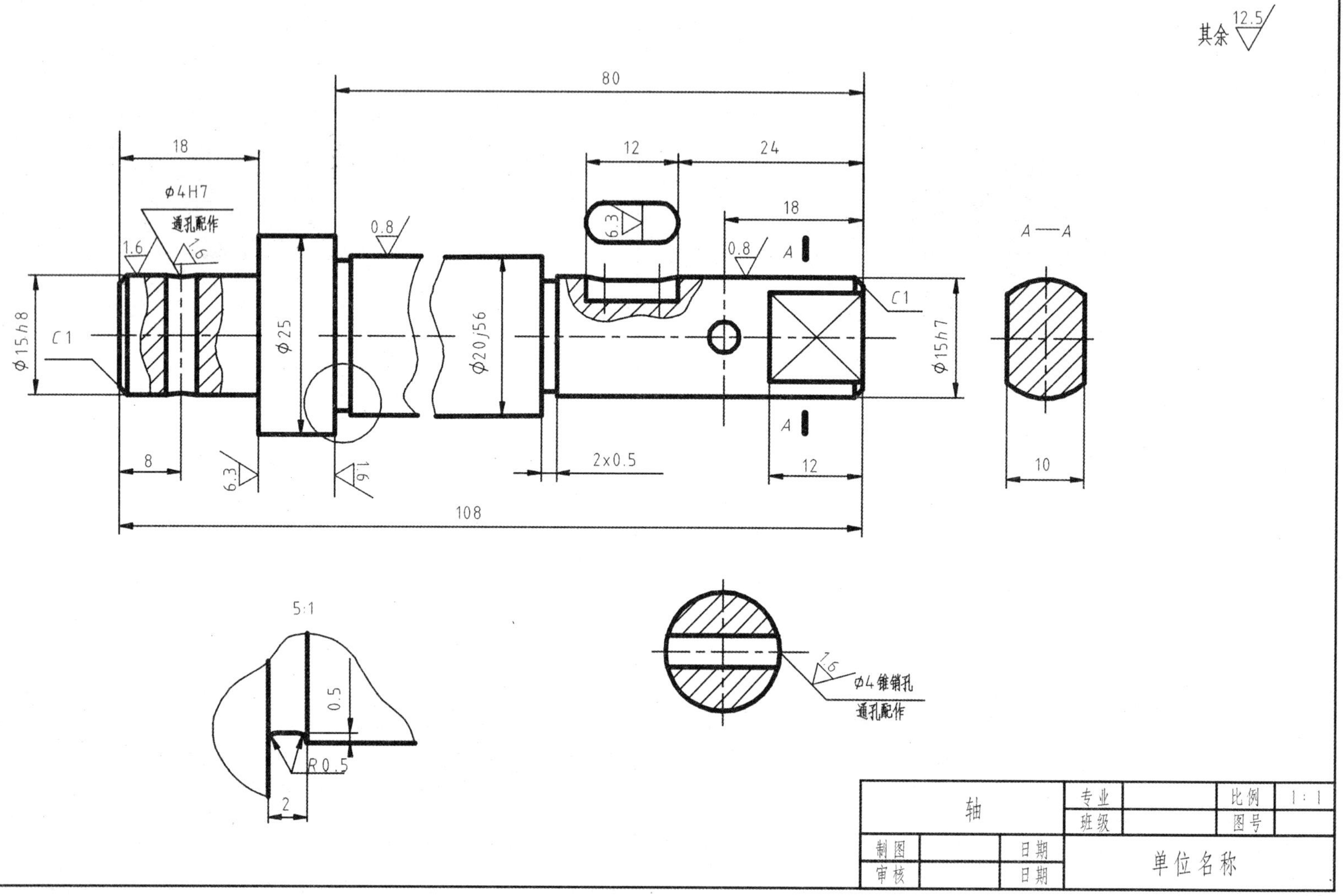

班级：　　　　学号：　　　　姓名：　　　　审阅：

6.管板零件图样。

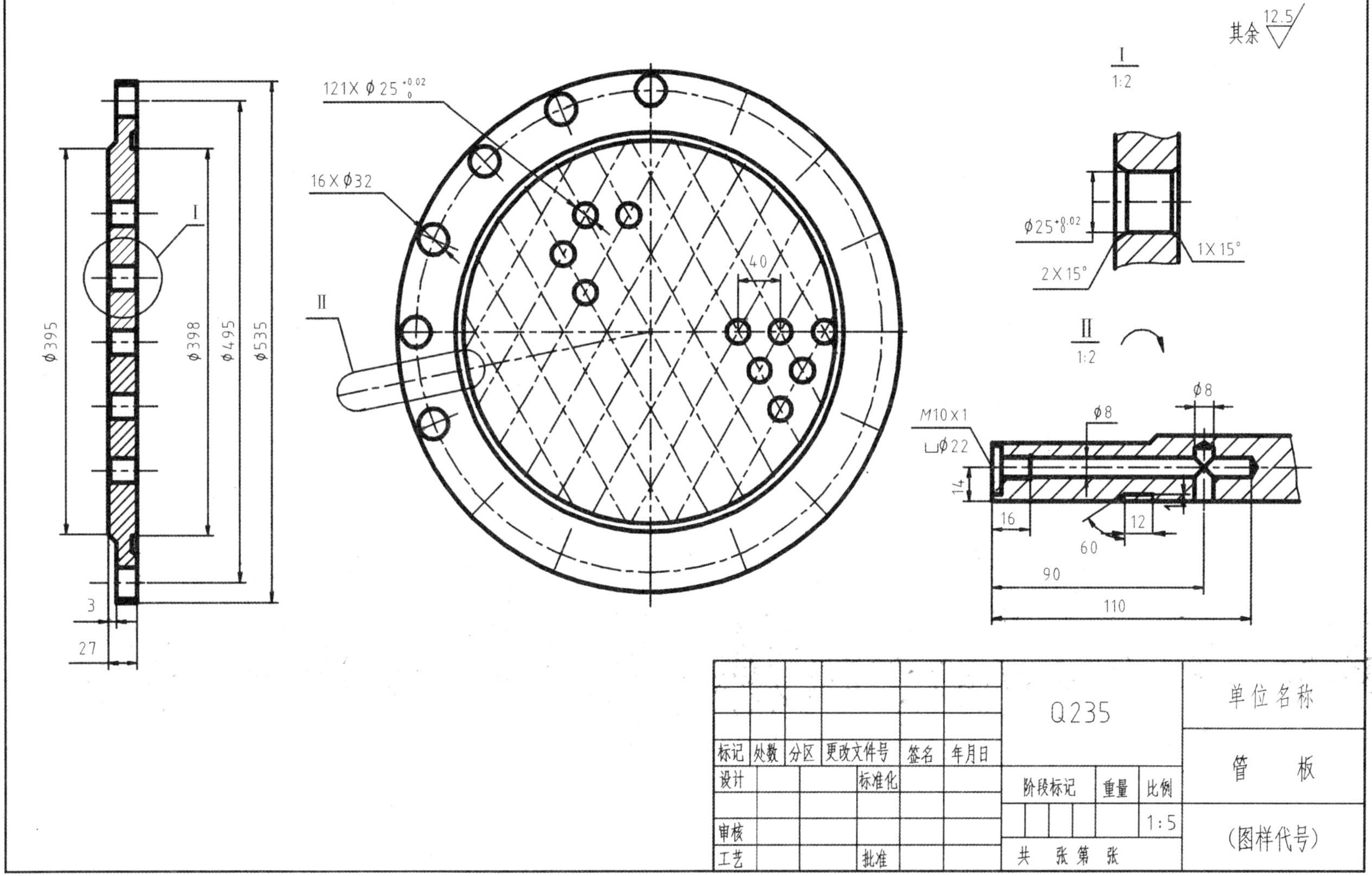
其余 12.5
121Xϕ25 +0.02 0
16Xϕ32
I
II
40
ϕ395
ϕ398
ϕ495
ϕ535
3
27
I 1:2
ϕ25+0.02 0
1X15°
2X15°
II 1:2
ϕ8
ϕ8
M10X1
⌴ϕ22
14
16
12
60
90
110
Q235
单位名称
管 板
(图样代号)
标记 处数 分区 更改文件号 签名 年月日
设计 标准化
审核
工艺 批准
阶段标记 重量 比例
1:5
共 张 第 张

班级： 学号： 姓名： 审阅：

7.支架类零件图样。

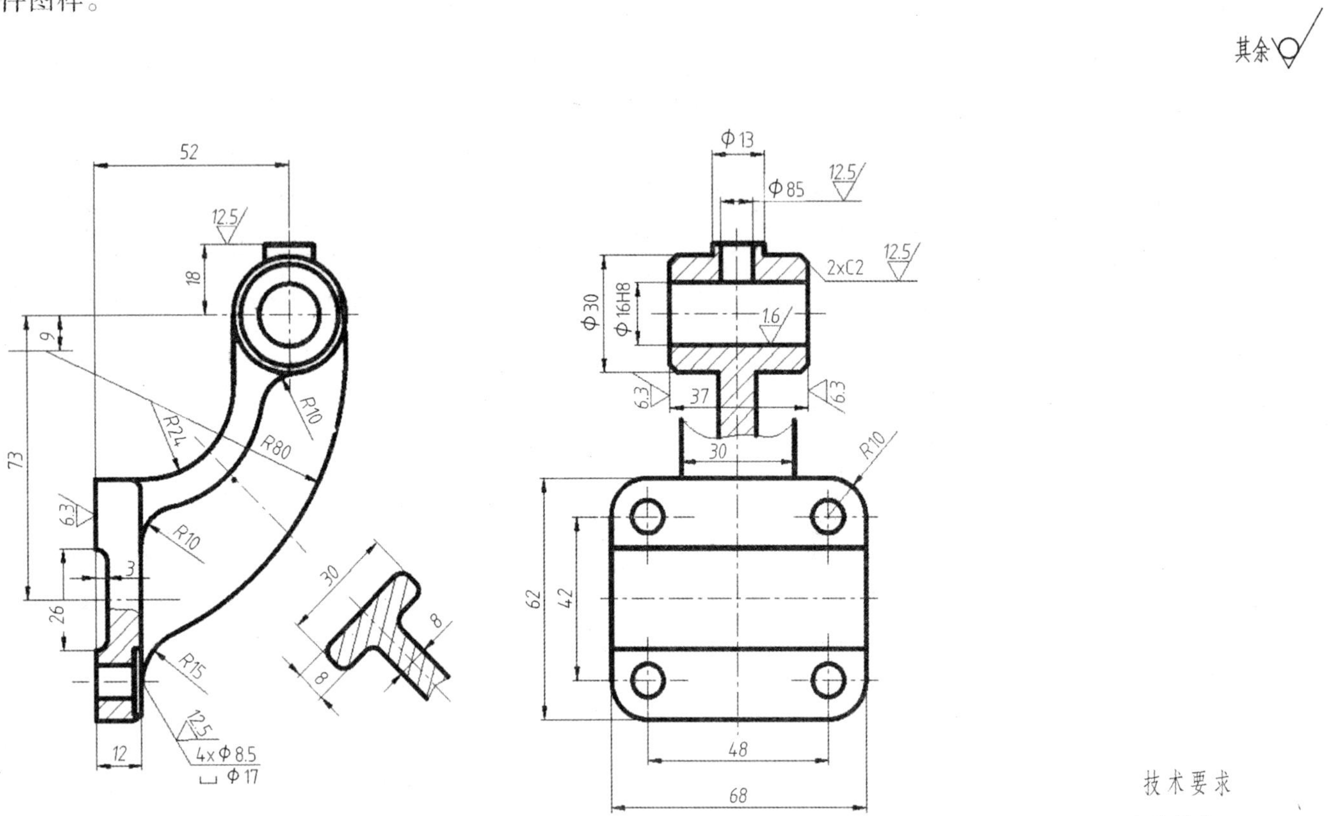

技术要求

未注圆角R3

图　名		专业	HT200	比例	2:1
		班级		图号	
制图		日期	单位名称		
审核		日期			

班级：　　学号：　　姓名：　　审阅：

8.箱体类零件图样。

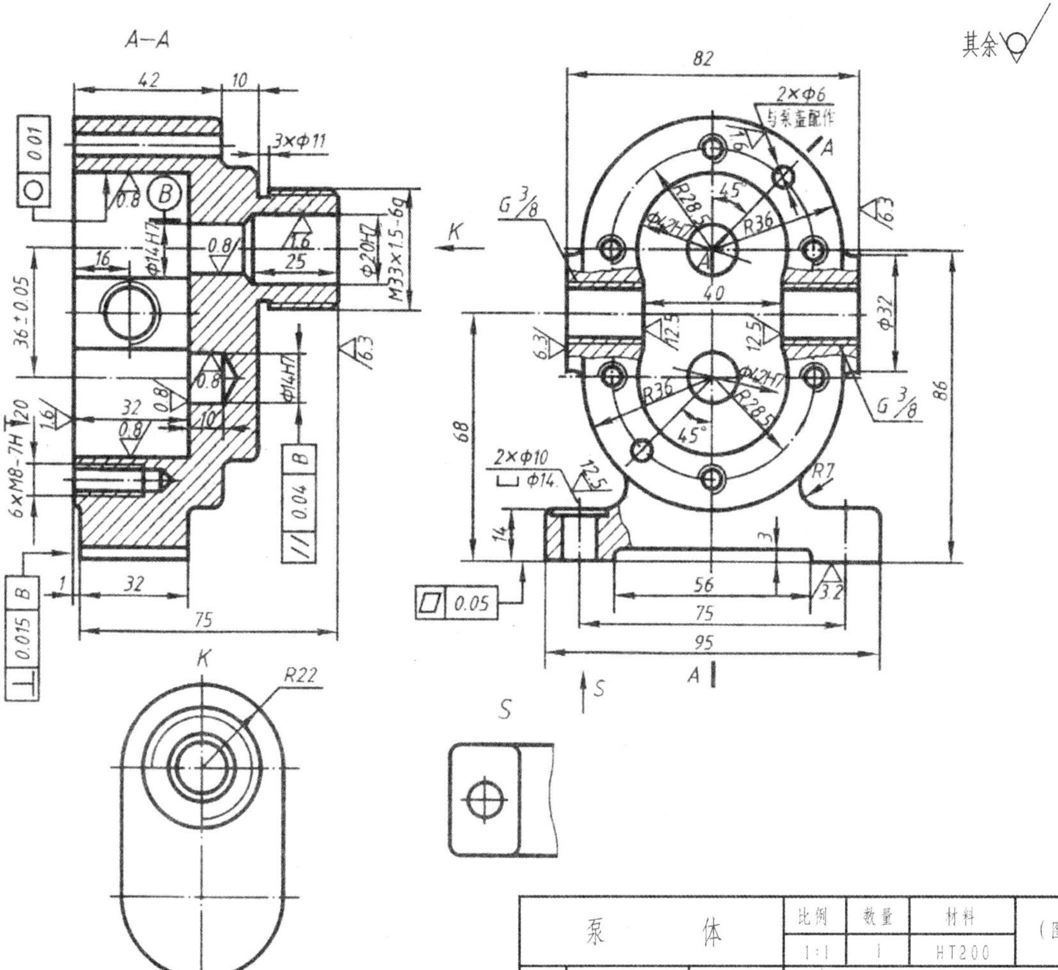

技术要求

1.未注圆角R5。

2.未注倒角C1。

3.铸件不得有砂眼、气孔。

泵　　体		比例	数量	材料	(图号)
		1:1	1	HT200	
制图		(日期)	单位名称		
校核		(日期)			

班级：　　学号：　　姓名：　　审阅：

1.根据主、俯两个视图，补画其他四个基本视图。

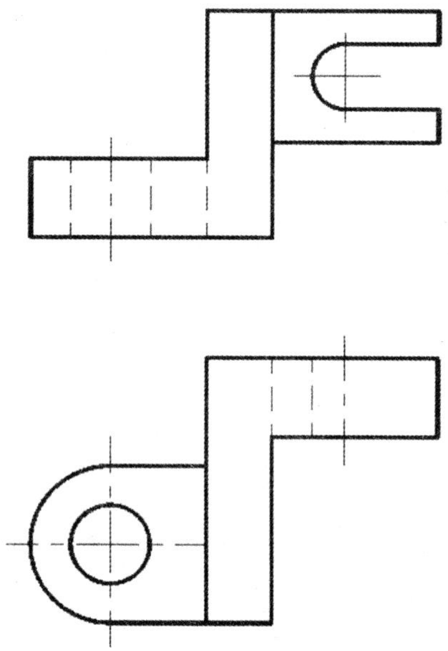

班级：　　学号：　　姓名：　　审阅：

2.根据主、左视图，在指定位置画出其E向视图。

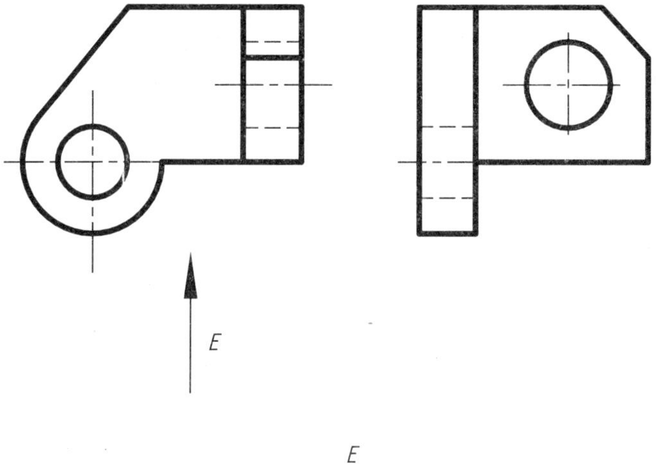

3.根据主、俯视图，在指定位置画出其B向、C向局部视图。

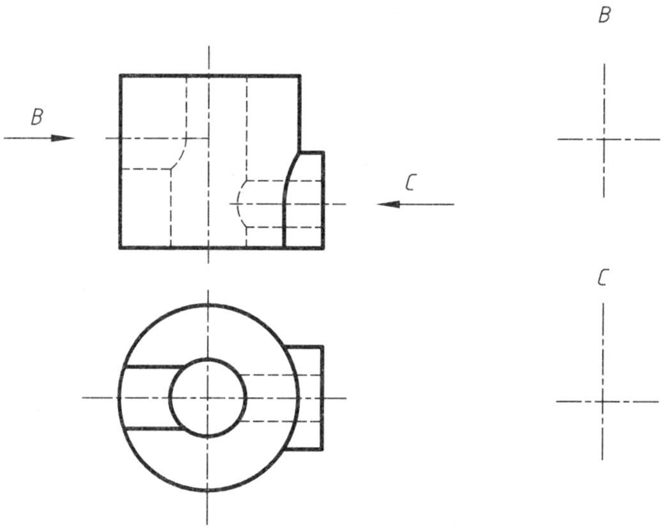

班级：　　学号：　　姓名：　　审阅：

4.根据主视图和轴测图，补画局部视图和斜视图（缺少的尺寸从轴测图量取）。

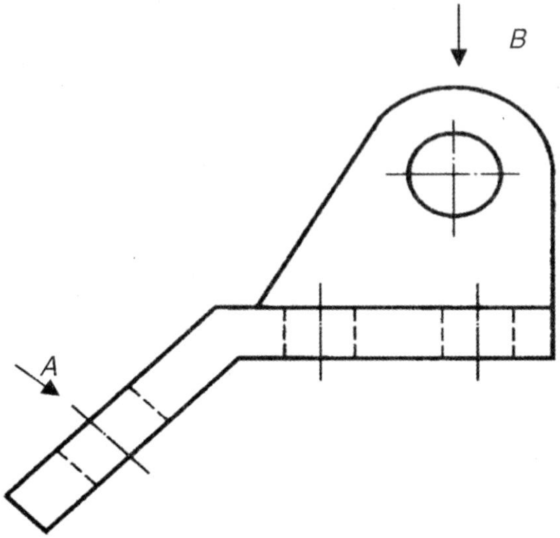

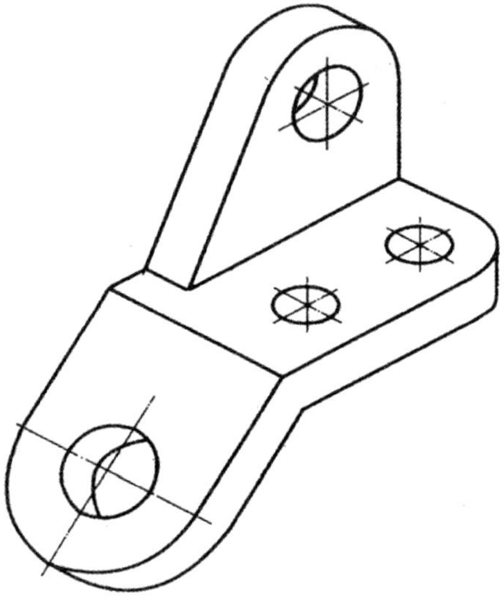

班级： 学号： 姓名： 审阅：

5.在指定位置画出移出断面图。

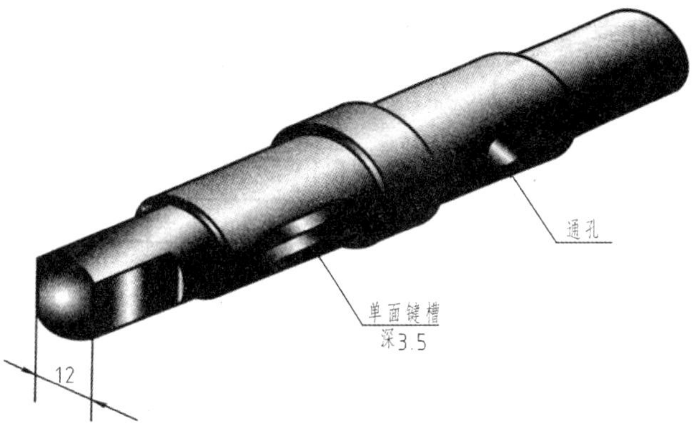

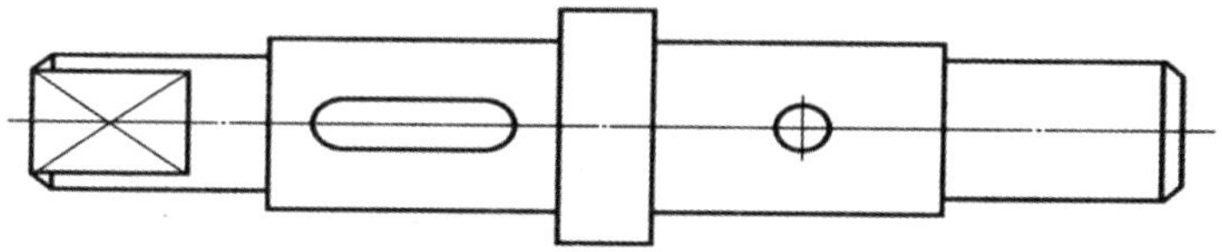

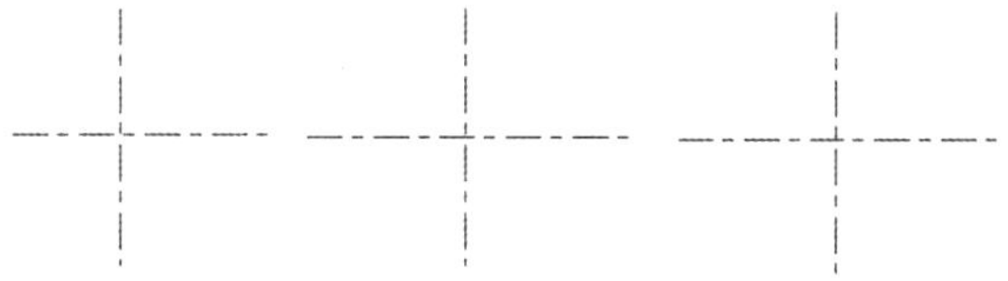

班级：　　　　学号：　　　　姓名：　　　　审阅：

6.在指定位置，作出重合断面。

（1）

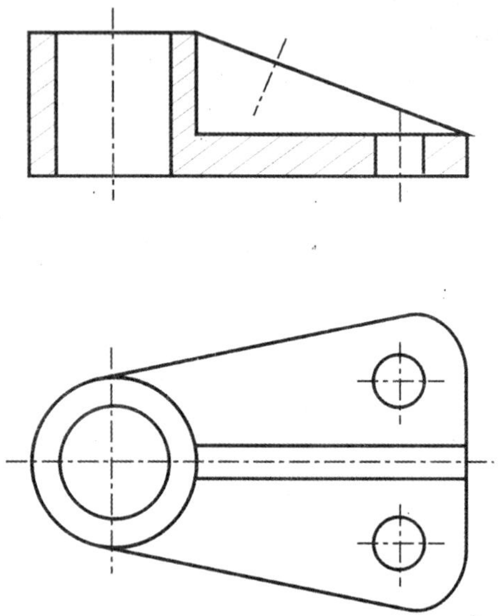

（2）

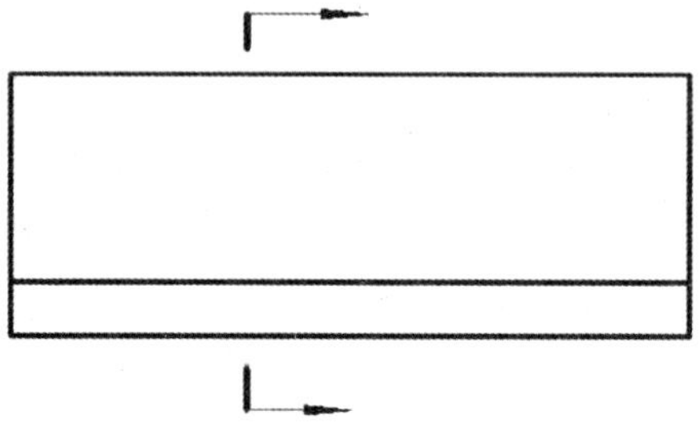

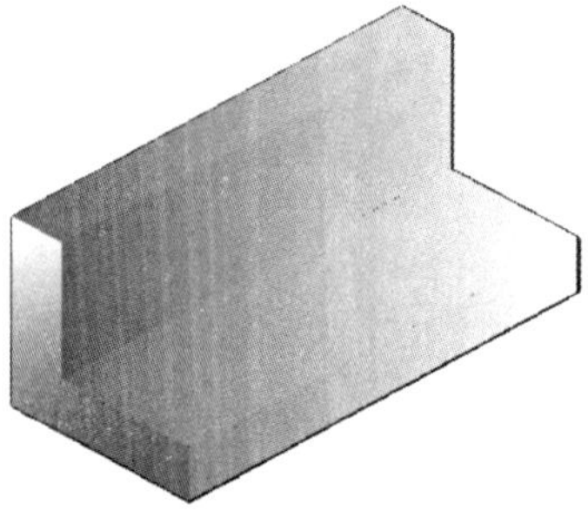

班级： 学号： 姓名： 审阅：

7.补画剖视图中所缺的图线。

（1）

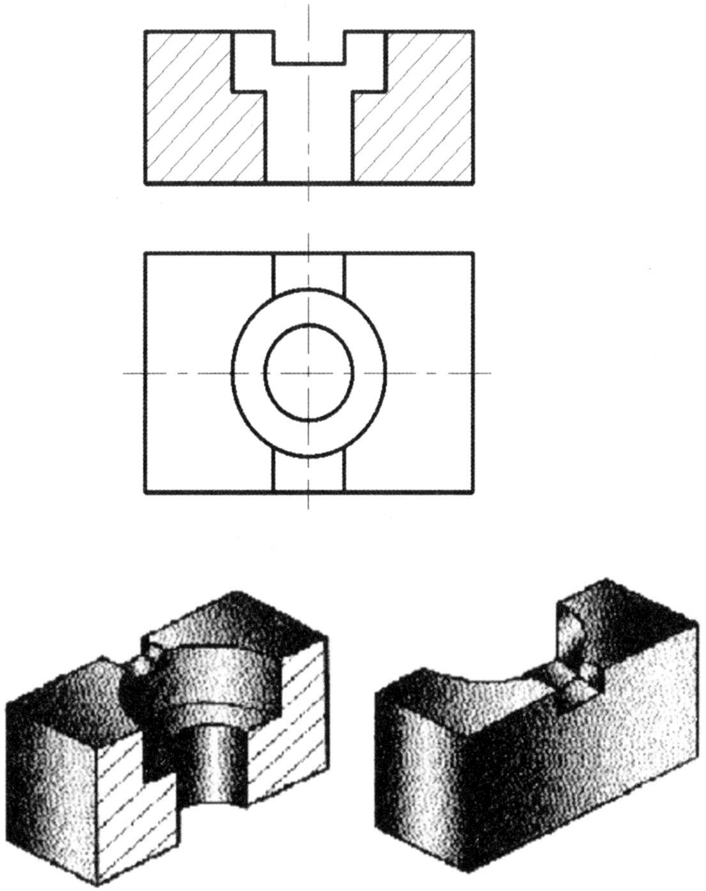

（2）

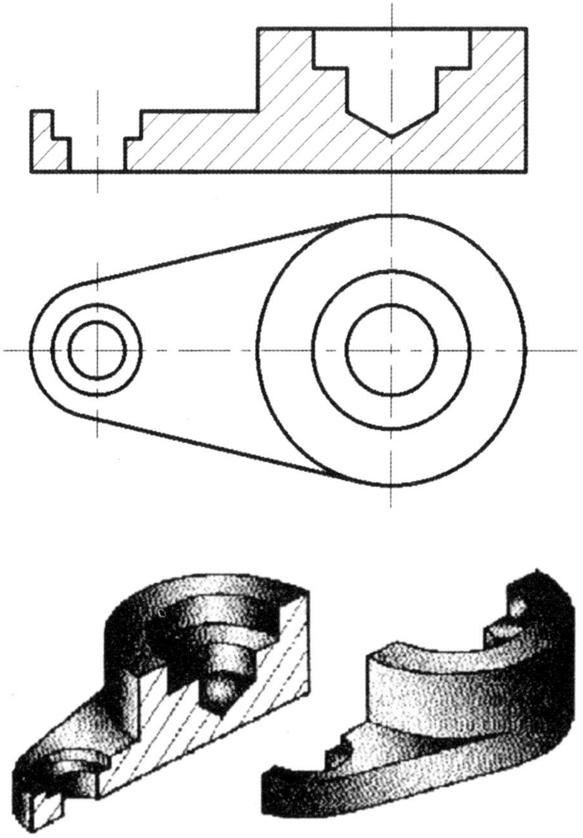

班级：　　学号：　　姓名：　　审阅：

（3）

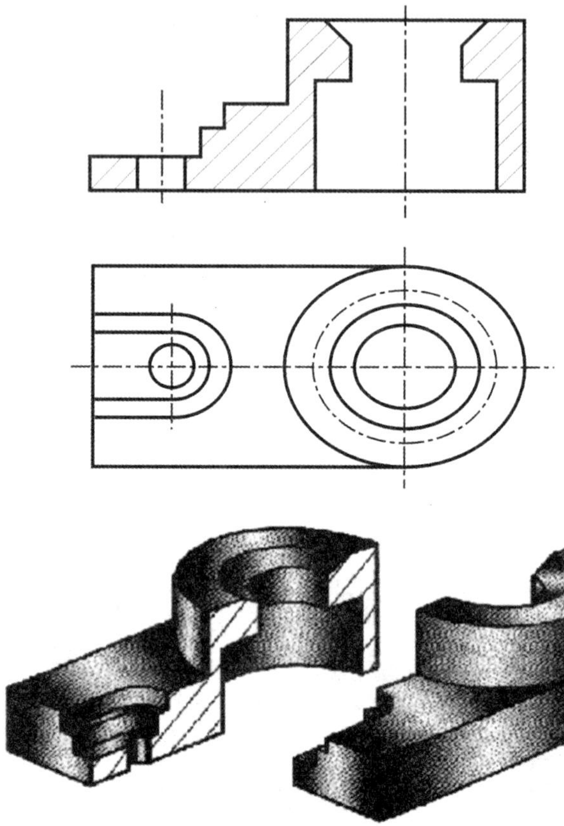

（4）

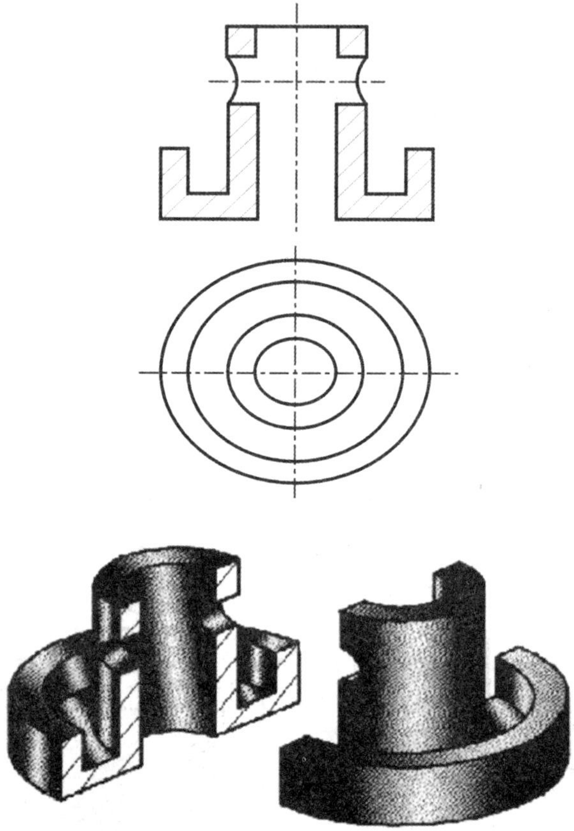

班级：　　　　学号：　　　　姓名：　　　　审阅：

8.在指定位置将主视图改为全剖视图。

（1）

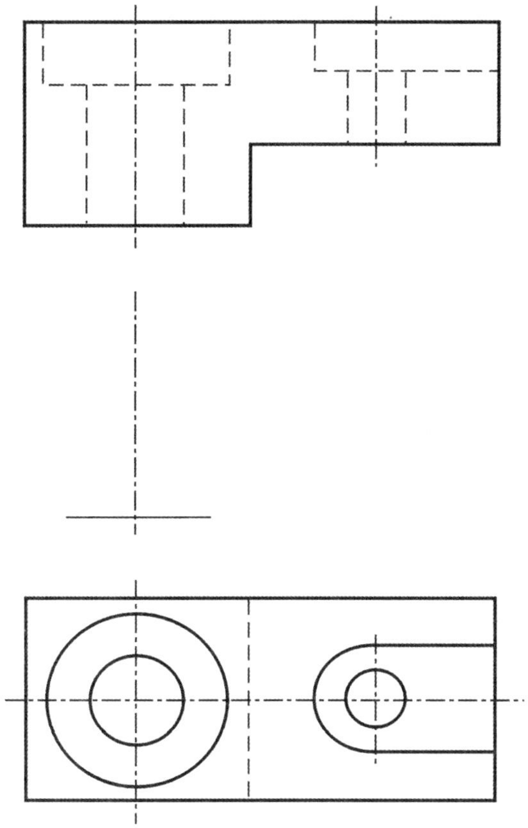

（2）

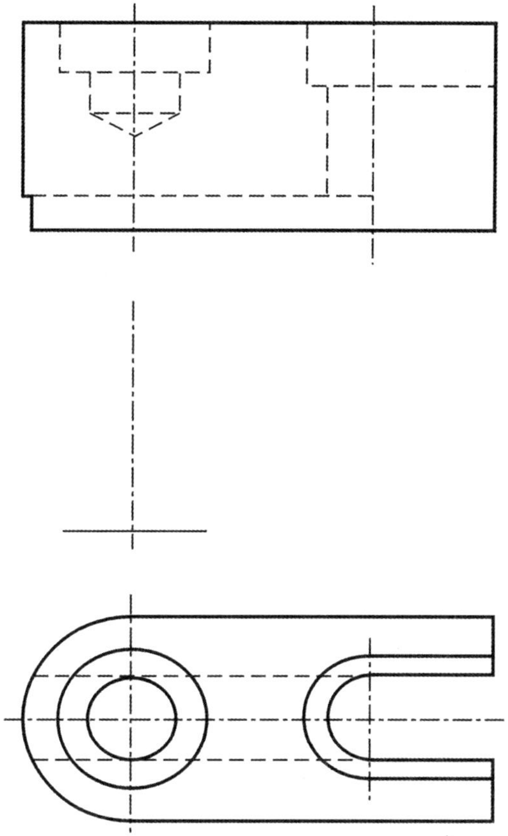

班级：　　学号：　　姓名：　　审阅：

（3）

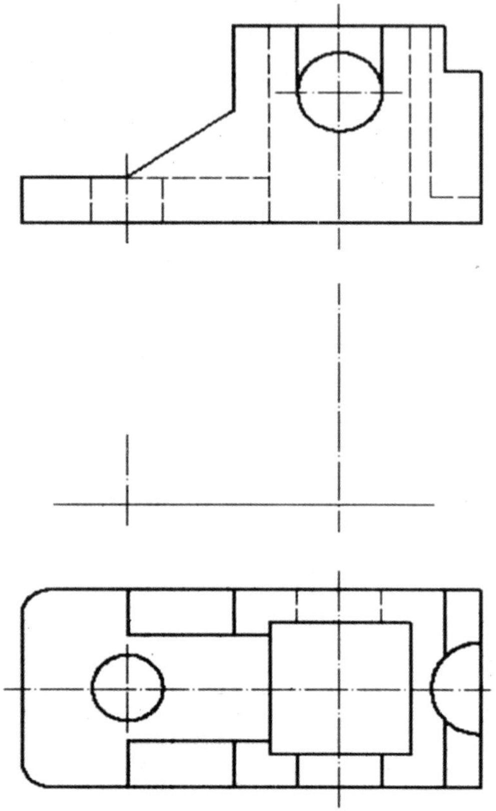

（4）

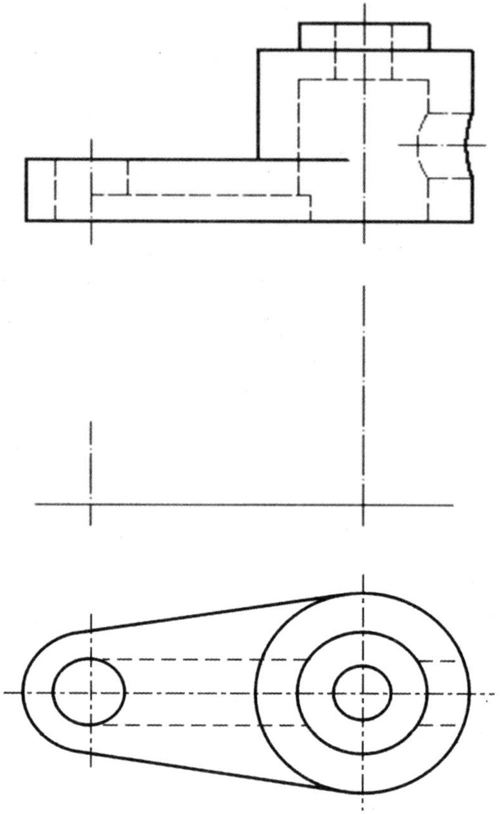

班级：　　学号：　　姓名：　　审阅：

9.在指定位置，作出用几个平行的剖切平面剖切的全剖视图。

（1）

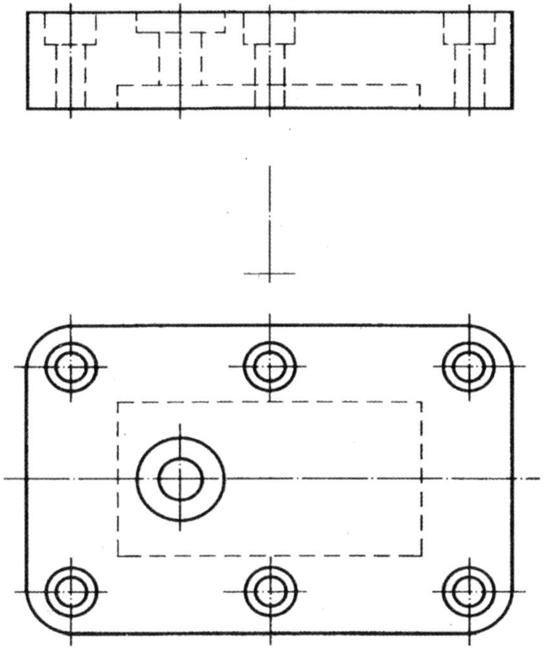

（2）

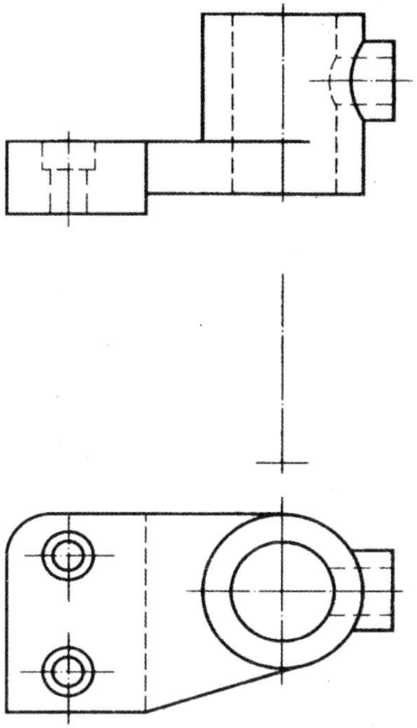

班级： 学号： 姓名： 审阅：

10.在指定位置，作出用几个相交的剖切平面剖切的全剖视图。

（1）

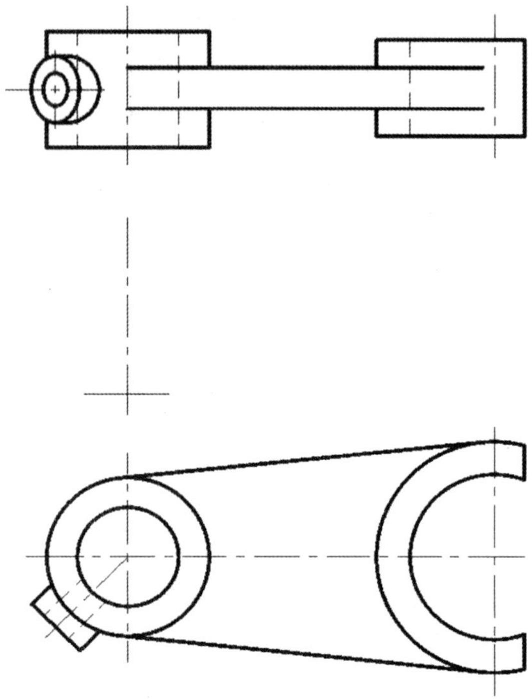

（2）

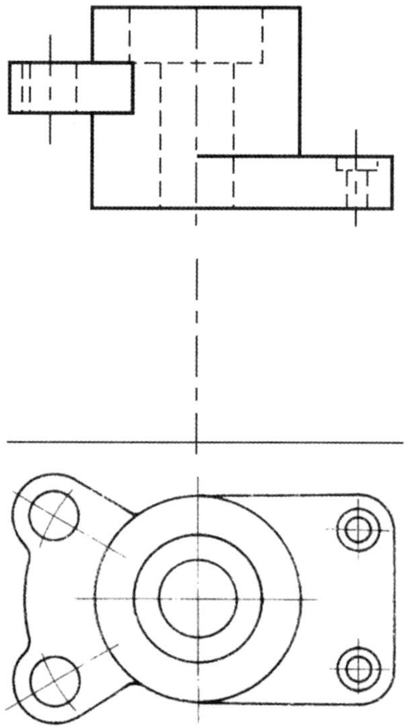

班级：　　学号：　　姓名：　　审阅：

11.在指定位置，作出用单一剖切平面和单一斜剖切平面剖切的$A-A$及$B-B$全剖视图。

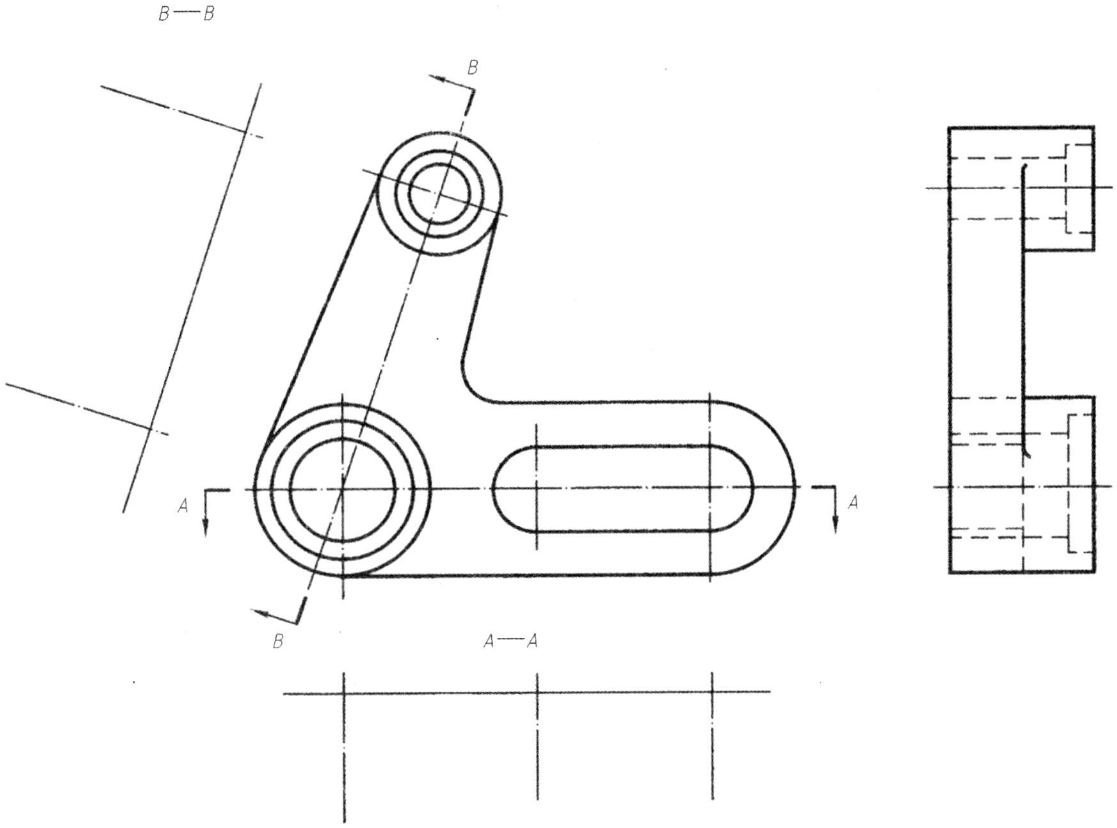

班级：　　学号：　　姓名：　　审阅：

12.在指定位置，将主视图改画为半剖视图。

（1）

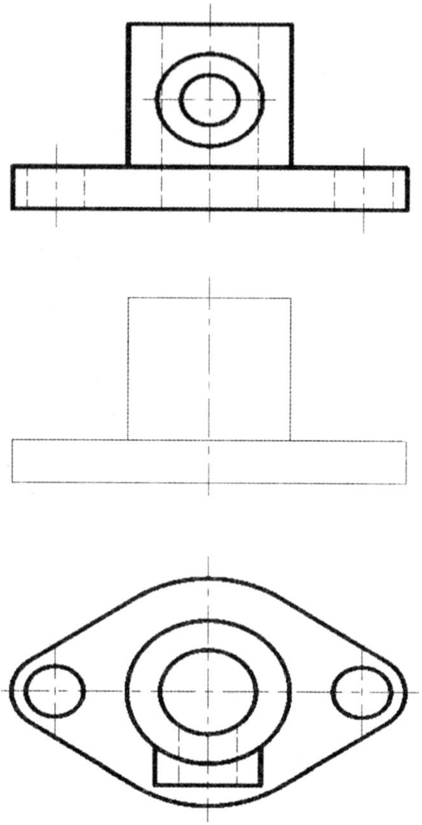

（2）

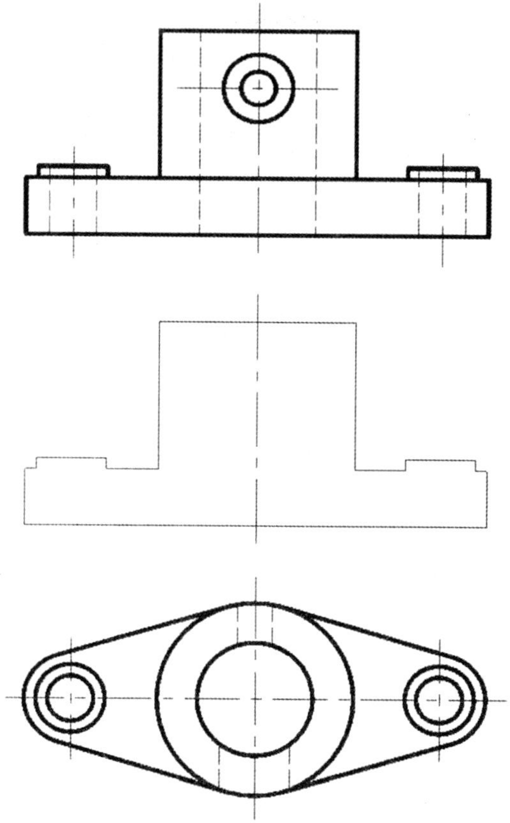

班级： 学号： 姓名： 审阅：

13.在指定位置，将主、俯视图改画为适当的局部剖视图。

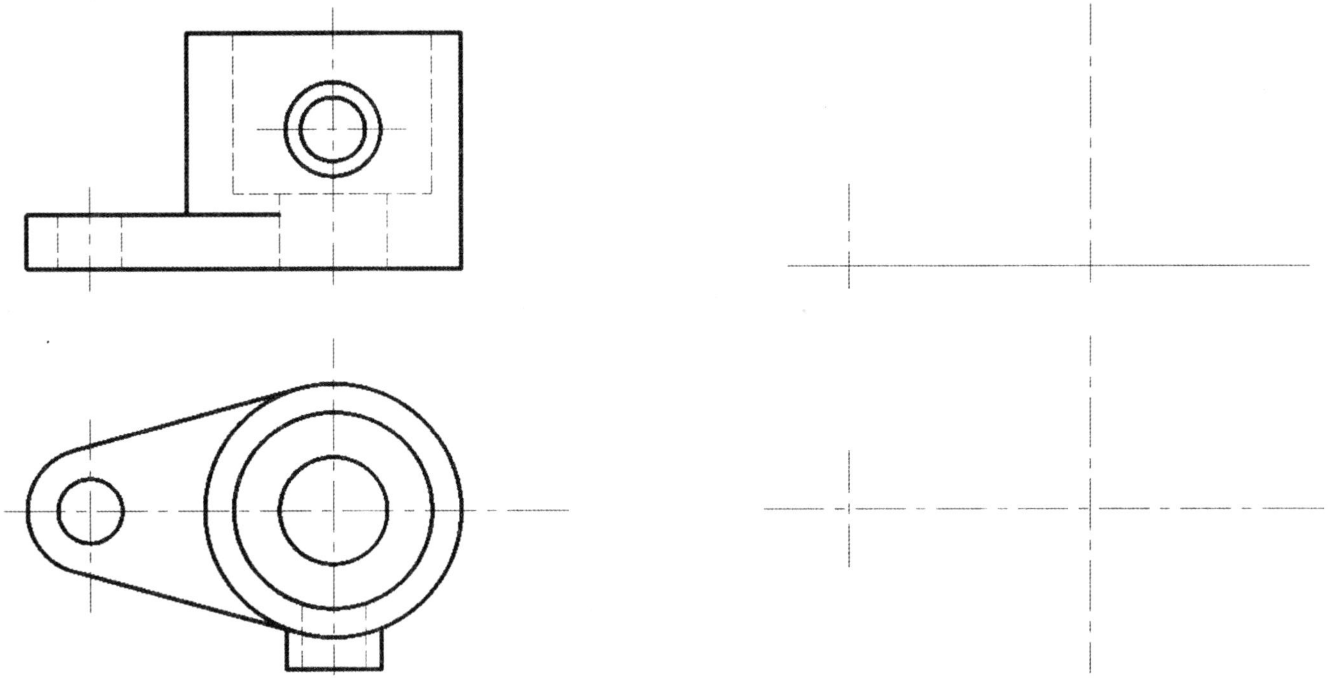

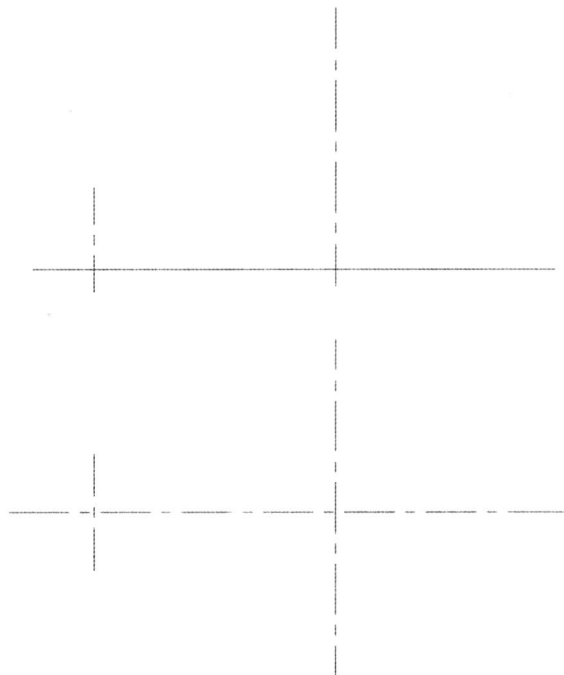

班级： 学号： 姓名： 审阅：

1.分析下列螺纹的错误画法，在指定位置画出正确的图形。

（1）

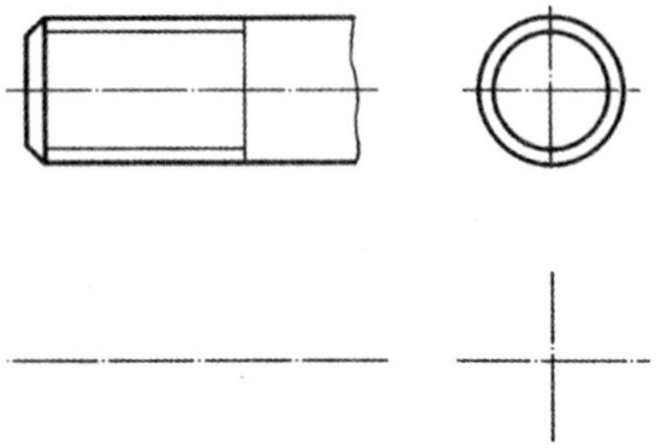

（2）

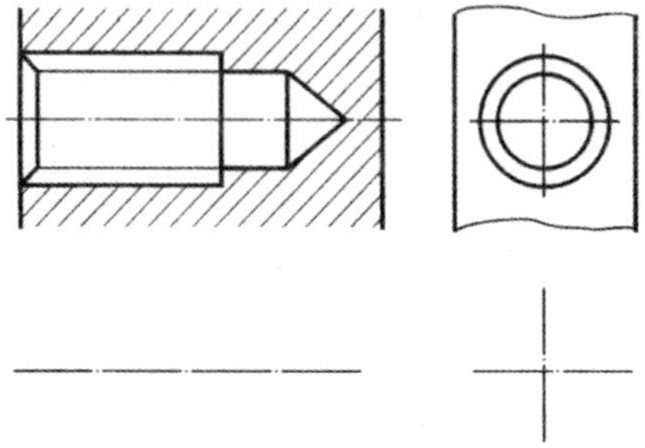

（3）

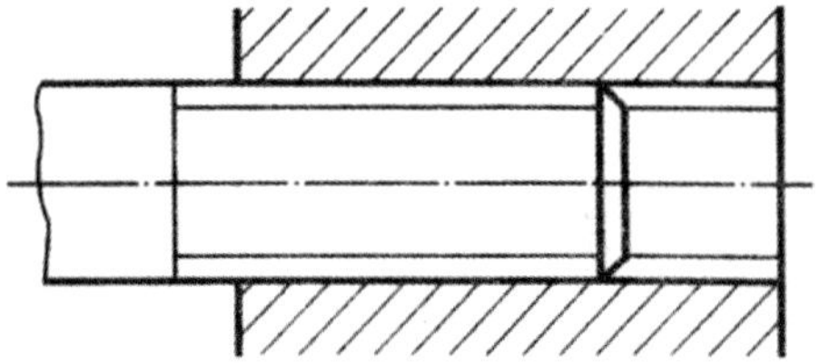

（4）

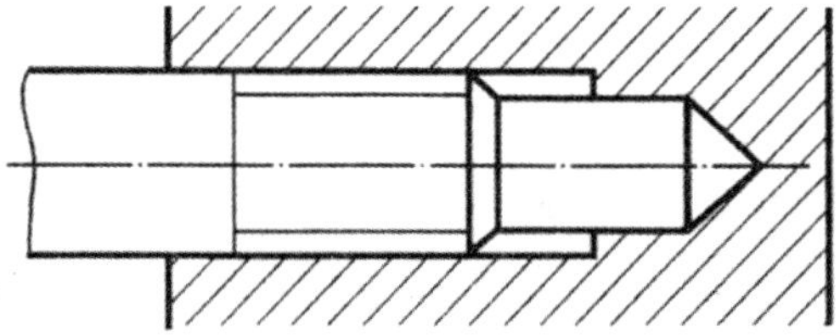

班级：　　学号：　　姓名：　　审阅：

2.根据给定的螺纹要素，按规定标注螺纹。

（1）普通螺纹，大径16 mm，右旋，中径、顶径公差带6g，中等旋合长度。

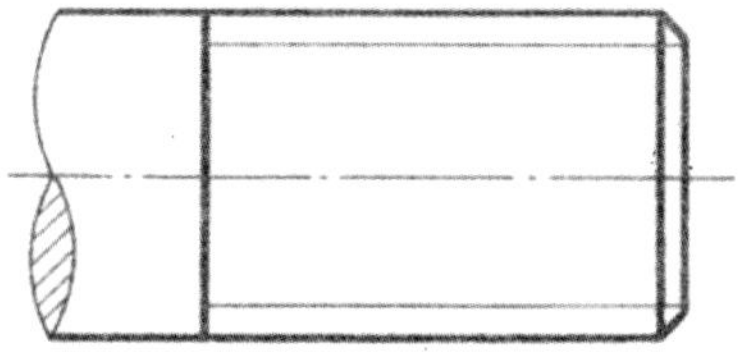

（2）普通螺纹，大径16 mm，螺距1.5 mm，左旋，中径、顶径公差带6h中等旋合长度。

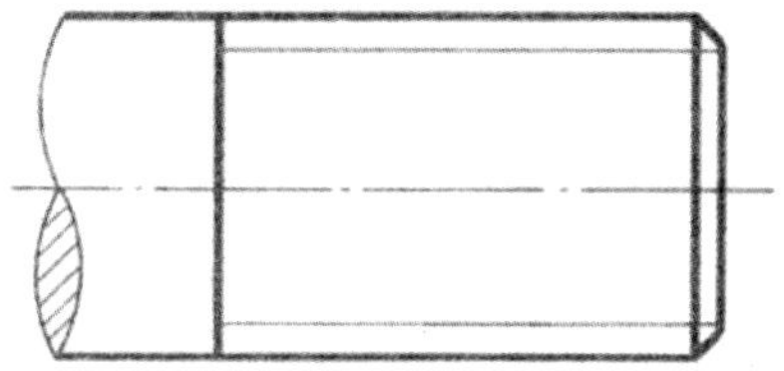

（3）非螺纹密封管螺纹，尺寸代号3/4，左旋，公差等级A。

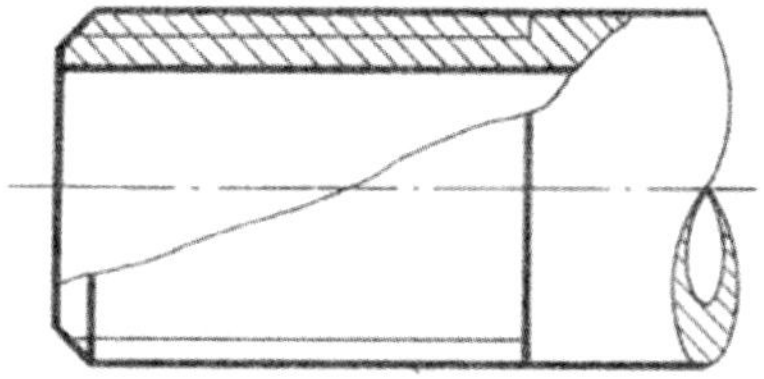

（4）螺纹密封圆锥管螺纹，尺寸代号1/2，右旋。

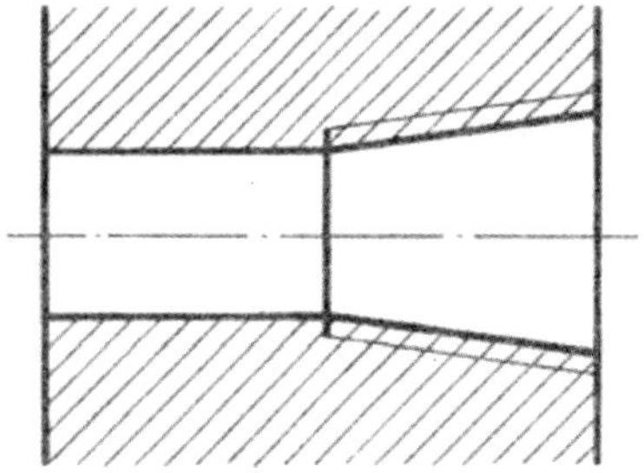

（5）梯形螺纹，公称直径20 mm，导程14 mm，双线，右旋，中径公差带8e，中等旋合长度。

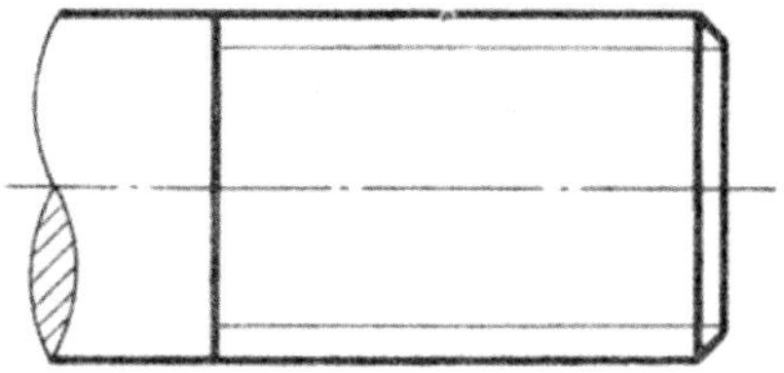

（6）锯齿形螺纹，公称直径38 mm，螺距5 mm，左旋，中径公称带7H，单线，中等旋合长度。

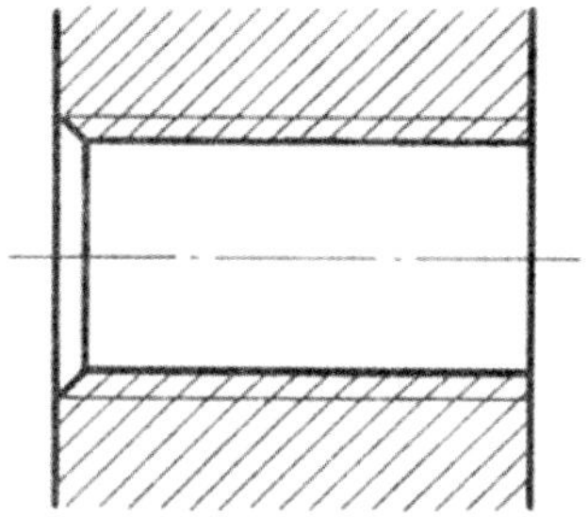

班级：　　　　学号：　　　　姓名：　　　　审阅：

1.从图中量取尺寸，按照对应比例关系，标出轴零件的完整尺寸；然后参照同类零件，标注表面粗糙度和尺寸公差等技术要求。

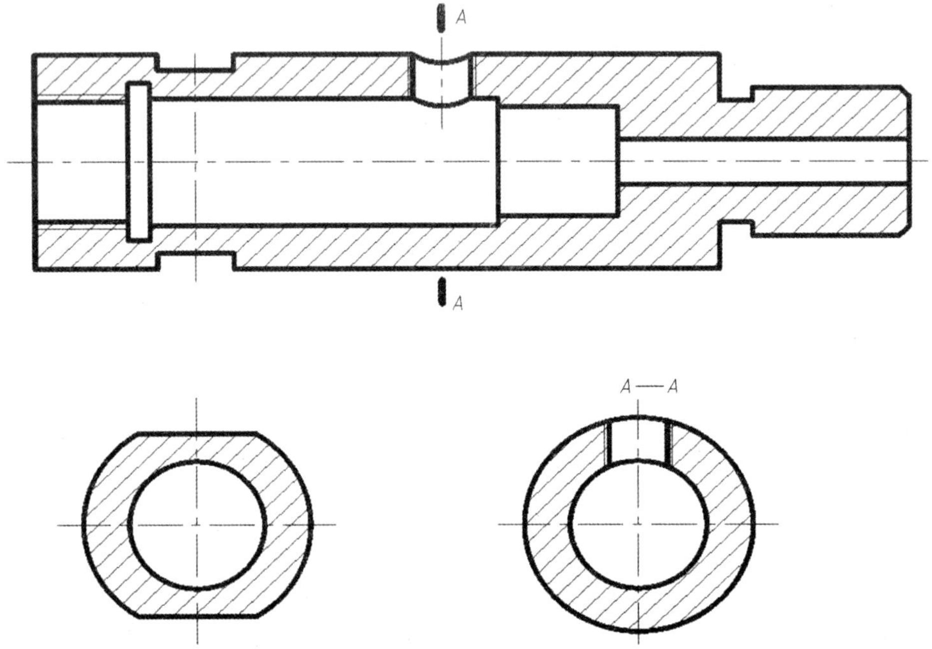

轴 套	专业		比例	2:1
	班级		图号	
制图		日期	单位名称	
审核		日期		

班级： 学号： 姓名： 审阅：

2.从图中量取尺寸，按照对应比例关系，标出泵盖零件的完整尺寸；然后参照同类零件，标注表面粗糙度和尺寸公差等技术要求。

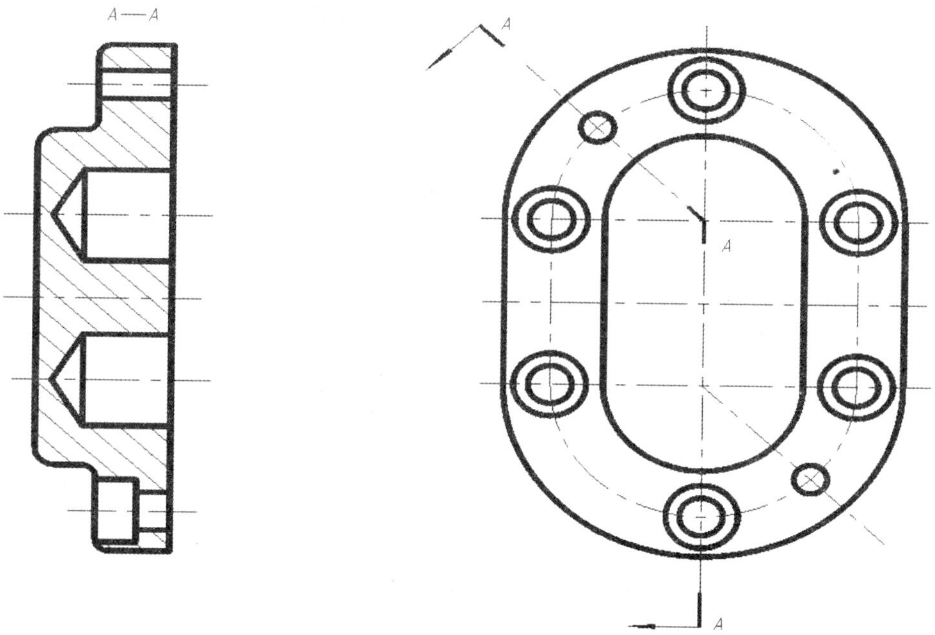

						HT200	单位名称
标记	处数	分区	更改文件号	签名	年月日		泵盖
设计	姓名	学号	标准化			阶段标记　重量　比例	
审核						2∶1	
工艺			批准			共　张第　张	

班级：　　学号：　　姓名：　　审阅：

任务3 用计算机抄画零件图

零件图样图参看项目四任务一中的轴套类、轮盘类、叉架类、箱体类零件图。

任务4 识读零件图 子任务1 轴零件图

识读轴的零件图，并回答下列问题（图在P91）：

（1）零件的名称是：________；材料为：________；画图比例为：________。

（2）轴采用了________个图形表达，各图名称分别是________、________和________。

（3）轴上两个键槽的宽度分别是________和________，深度分别是________和________。

（4）键槽在长方向的定位尺寸分别是____和____。

（5）轴的长方向基准是________，宽方向基准是________，高方向基准是________。

（6）尺寸 $\phi 35^{+0.025}_{+0.009}$ 的最大极限尺寸是________，最小极限尺寸是________，公差是________。

（7）在轴的加工表面中，要求表面最光洁的表面粗糙度代号是________，共有________处。

※（8）图中有________处形位公差代号，解释 [⌯ | 0.08 | B] 框格的含义：被测要素是________，基准要素是________，公差项目是________，公差值是________。

（9）图中2×M6↧10的含义是________________________。

班级：　　学号：　　姓名：　　审阅：

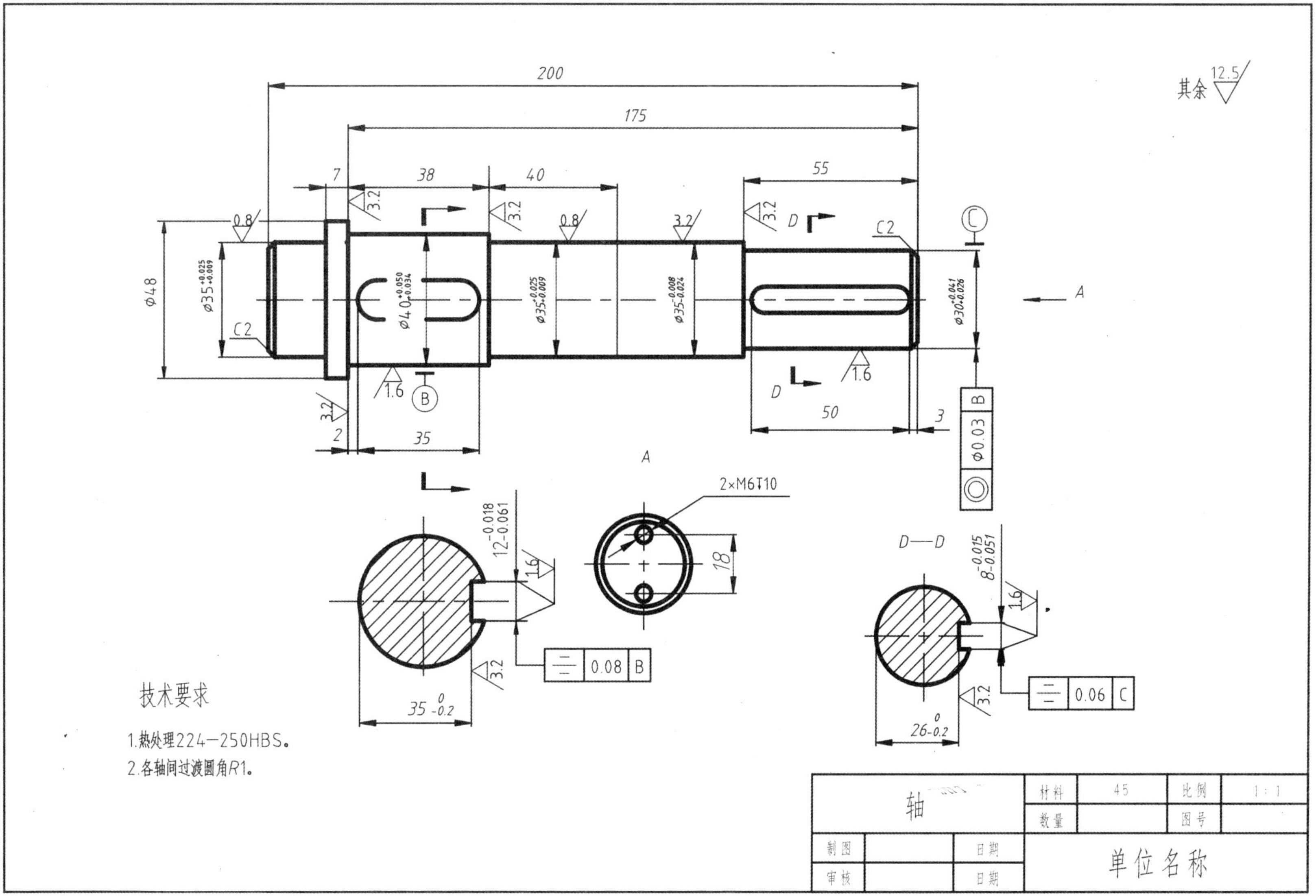
其余 12.5
200
175
7
38
40
55
50
35
3
2
Φ48
C2
2×M6↧10
18
D—D
A
技术要求
1.热处理224—250HBS。
2.各轴间过渡圆角R1。
轴
材料 45
比例 1:1
数量
图号
制图
日期
审核
日期
单位名称

班级：　　学号：　　姓名：　　审阅：

识读法兰盘的零件图，补画*K*向视图并回答下列问题（图在P93）：

（1）零件的名称为__________，材料为__________，画图比例为__________。

（2）该零件用__________个视图表示，其中__________是主视图；主视图是由__________剖切平面剖开机件获得的__________剖视图。

（3）在图中用指引线指出该零件长度方向和高度方向尺寸的主要基准。

（4）图中有_______________处公差带代号，其中ϕ32H7（$\phi 32_{0}^{+0.025}$），上偏差是_______________，下偏差是_______________，公差是____________________。

（5）图中$\frac{3\times\phi 11}{\sqcup\ \phi 17 \downarrow 10}$中的3×$\phi$11表示_____________个_____________孔；⊔表示_____________孔，直径是____________，深度为____________。

（6）该零件左端面的表面粗糙度代号为__________，右端面的表面粗糙度代号为__________，最不光洁的表面粗糙度代号为________。

（7）图中有__________________处形位公差代号，解释的含义 | ◎ | ϕ0.04 | *B* | ：被测要素是__________，基准要素是___________，公差项目是___________，公差值是__________________。

班级：　　学号：　　姓名：　　审阅：

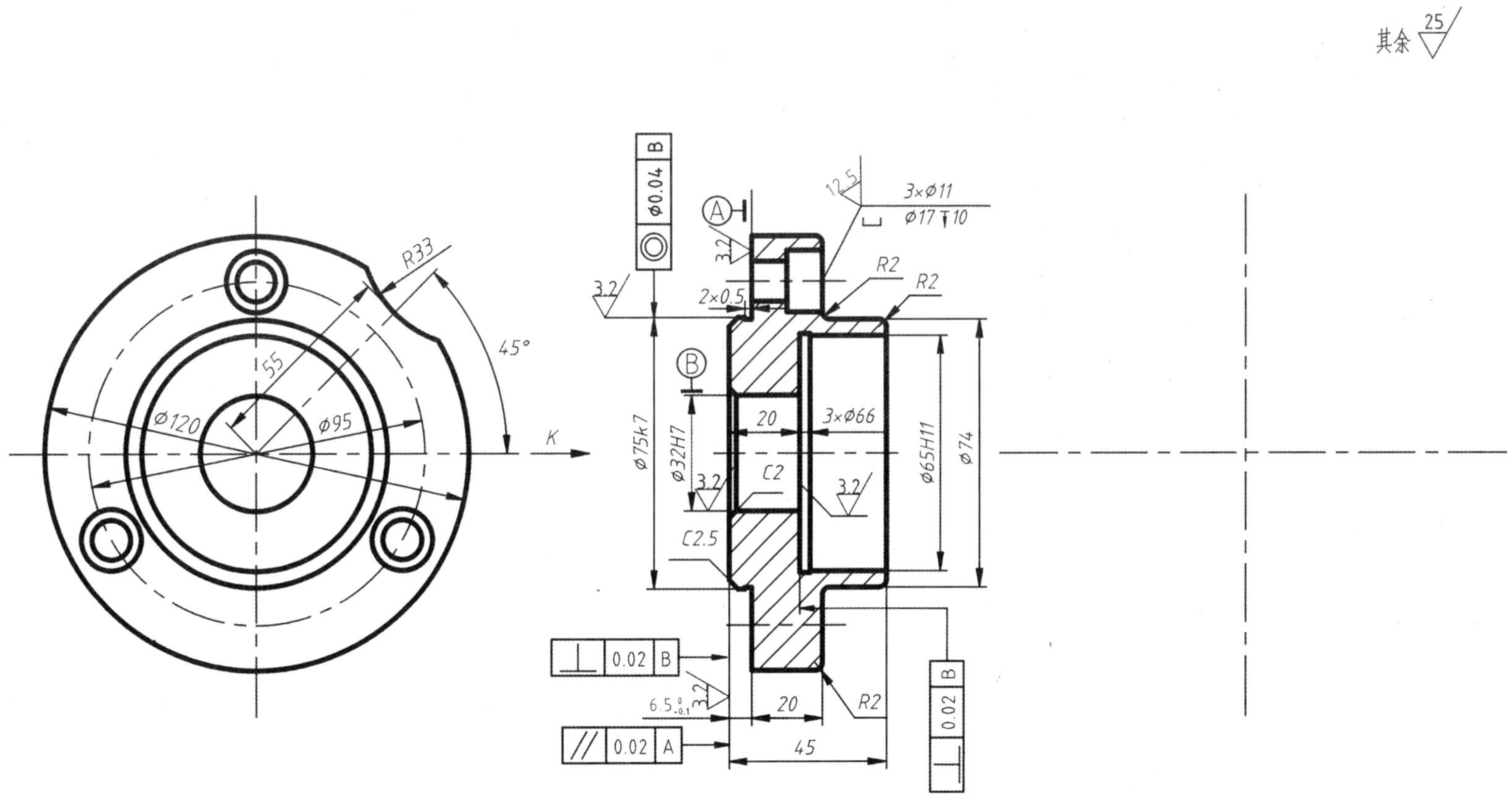

法兰盘	比例	数量	材料	(图号)
	1:1	1	HT150	
制图		(日期)	单位名称	
审核		(日期)		

班级：　　　　学号：　　　　姓名：　　　　审阅：

识读托脚的零件图，补画左视图并回答下页中的问题。

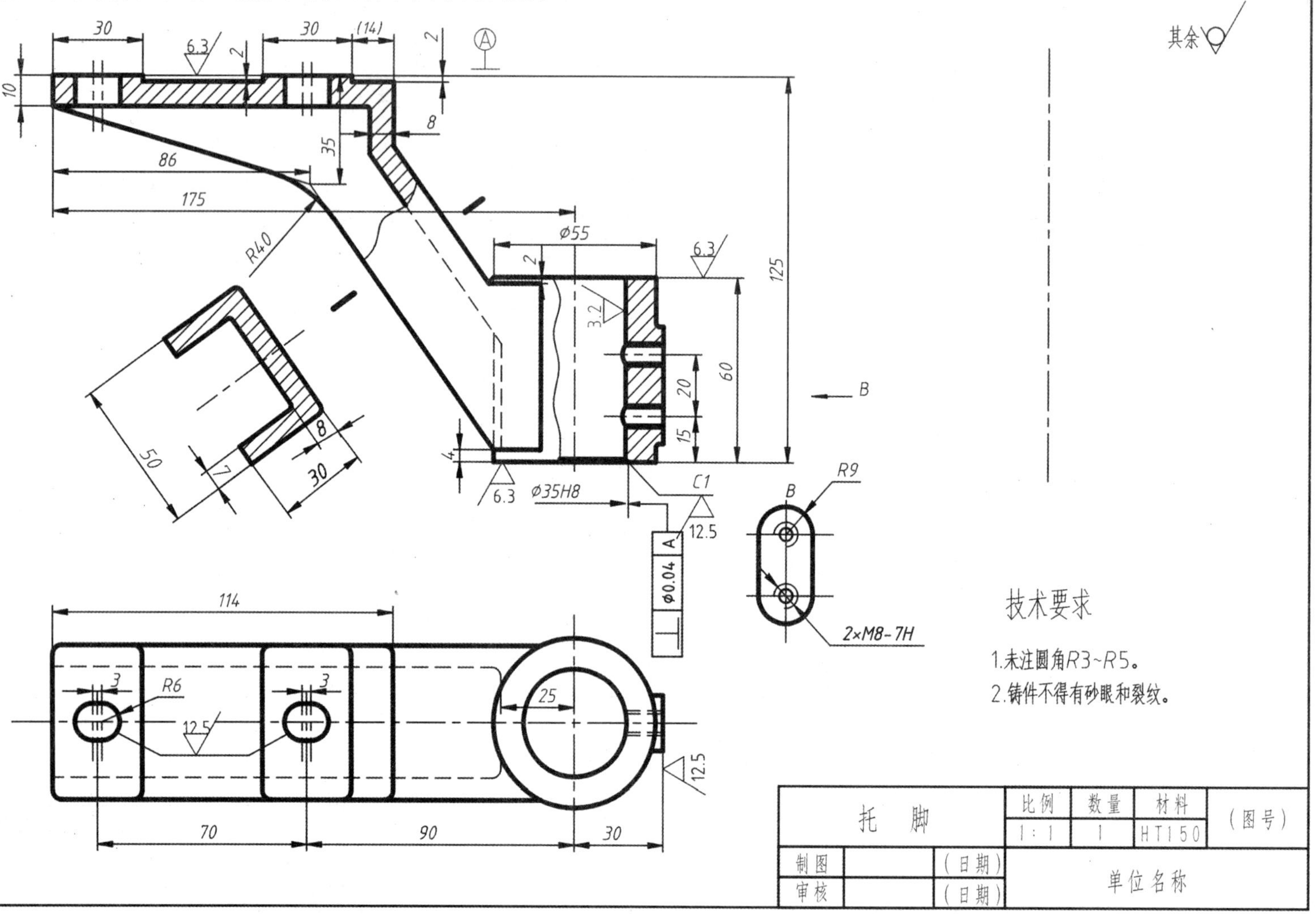

班级：　学号：　姓名：　审阅：

（1）零件的名称为＿＿＿＿＿＿＿，材料为＿＿＿＿＿＿＿＿，画图比例为＿＿＿＿＿＿＿。

（2）该零件用＿＿＿个视图表示，各视图的名称分别为＿＿＿＿＿、＿＿＿＿＿、＿＿＿＿＿和＿＿＿＿＿；主视图是用＿＿＿＿＿剖切面剖切的所得的＿＿＿＿剖视图，＿＿＿断面图是用＿＿＿＿剖切面垂直于＿＿＿＿＿结构进行剖切得到的，以表达＿＿＿＿＿型形状。

（3）该零件有＿＿＿个主要的定位尺寸，总长是＿＿＿，总宽是＿＿＿，总高是＿＿＿。

（4）该零件顶部的两个长圆孔的定位尺寸是＿＿＿＿＿。

（5）该零件的加工面中，要求最光滑的表面是＿＿＿＿＿＿＿＿，表面粗糙度代号为＿＿＿＿＿＿；右上角的表面粗糙度代号“其余$\not\bigcirc$”表示＿＿＿＿＿＿＿＿＿＿＿＿＿＿＿＿＿＿＿＿＿＿＿＿＿＿。

（6）图中ϕ35H8（$\phi35_{0}^{+0.039}$）的最大极限尺寸是＿＿＿＿＿＿，最小极限尺寸是＿＿＿＿＿＿，上偏差是＿＿＿＿＿，下偏差是＿＿＿＿＿＿，公差是＿＿＿＿＿＿。

※（7）图中的形位公差框格 | ⊥ | ϕ0.04 | A | 的含义是：被测要素是＿＿＿＿＿＿，基准要素是＿＿＿＿＿＿，公差项目是＿＿＿＿＿＿＿＿，公差值是＿＿＿＿＿＿＿＿。

（8）在图中用指引线指出该零件长、宽、高方向尺寸的主要基准。

班级：　　　　学号：　　　　姓名：　　　　审阅：

识读泵体的零件图，并回答下列问题：

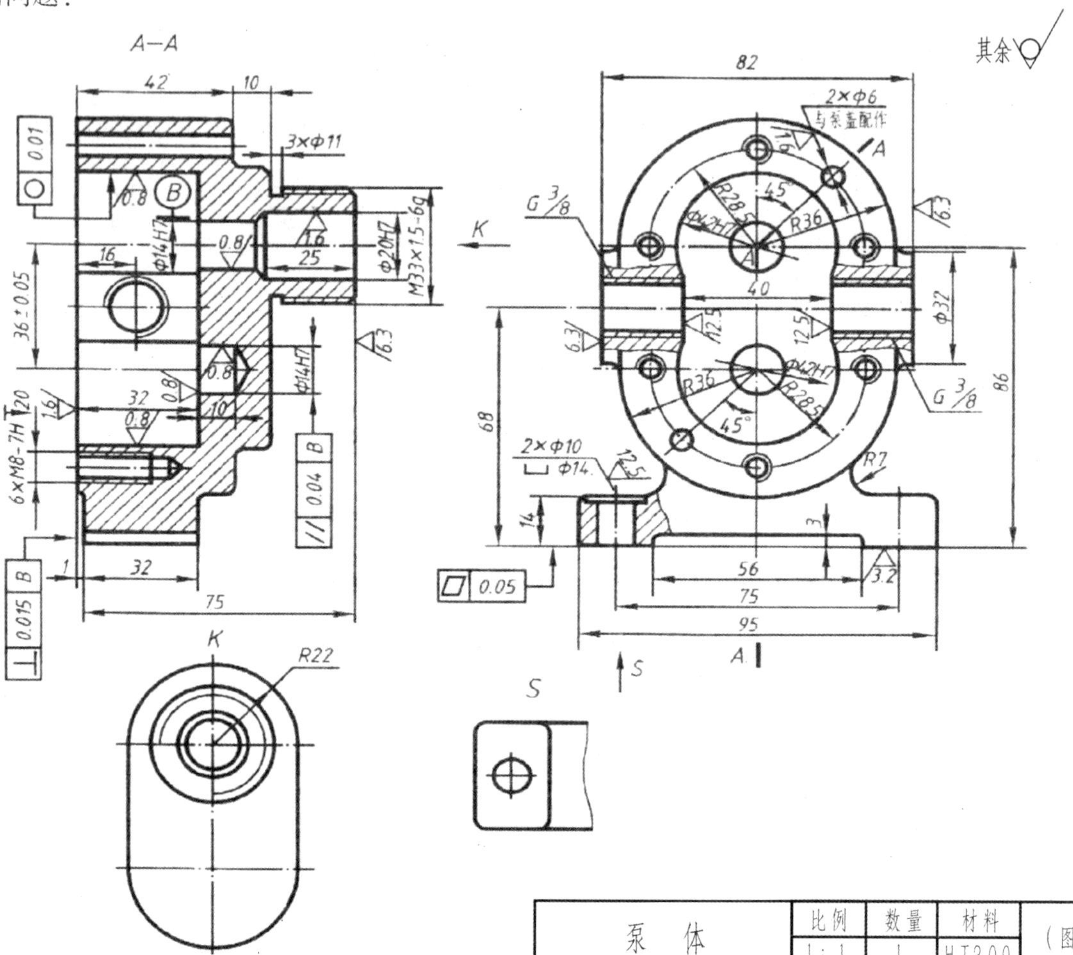

技术要求

1. 未注圆角R5。

2. 未注倒角C1。

3. 铸件不得有砂眼、气孔。

泵　体	比例	数量	材料	（图号）
	1∶1	1	HT200	
制图		（日期）	单位名称	
审核		（日期）		

班级：　　学号：　　姓名：　　审阅：

（1）零件的名称为________，材料为________，画图比例为________。

（2）该零件用________个视图表示，各视图的名称分别为________、________、________和________；主视图是用________的剖切面剖切所得的________剖视图，左视图是用________个________剖切面剖切所得的________剖视图。

（3）图中的G3/8表示________螺纹，3/8是螺纹________，螺纹的旋向为________，螺纹是大径是________mm。

（4）图中的螺孔尺寸“6×M8-7H↧20”中的6表示________，M8表示________，7H表示________，↧20表示________。

（5）图中的螺纹尺寸“M33×1.5-6g”中的M33表示________，1.5表示________，6g表示________。

（6）图中的“2×ϕ6与泵盖配作”表示________，销孔2×ϕ6的定位尺寸是________。

（7）在图中用指引线指出该零件长、宽、高方向尺寸的主要基准。

（8）图中ϕ14H7（$\phi 14_{0}^{+0.018}$）最大极限尺寸是________，最小极限尺寸是________，上偏差是________，下偏差是________，公差是________。

（9）泵体的加工表面中，要求最光滑的表面是________，其表面粗糙度代号是________。

（10）图中的形位公差框格 |▱|0.05| 的含义是：被测要素是________，公差项目是________，公差值是________；|○|0.01| 的含义是：被测要素是________，公差项目是________，公差值是________，|⊥|0.015|B| 的含义是：被测要素是________，基准要素是________，公差项目是________，公差值是________；|//|0.04|B| 被测要素是________，基准要素是________，公差值是________。

班级：　　学号：　　姓名：　　审阅：

由所给图形查表标注尺寸数值，并写出该螺纹紧固件的规定标记。

（1）螺纹规格d=12 mm,公称长度l=45 mm,A级的六角头螺栓（GB/T5780—2000）。

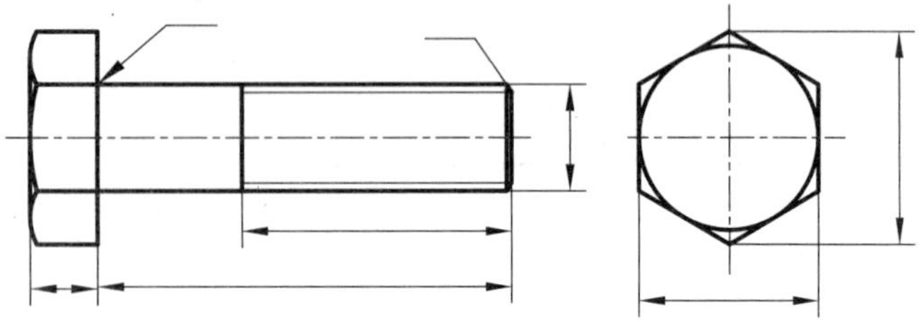

标记：________________

（2）两端均为粗牙螺纹，螺纹规格d=16 mm,l=50 mm，B型，b_m=1d的双头螺柱（GB/T897—1988）。

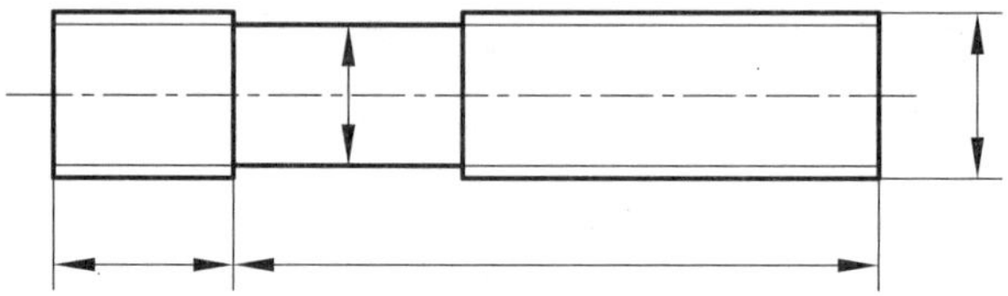

标记：________________

（3）螺纹规格D=12 mm,A级的Ⅰ型六角螺母（GB/T41—2000）。

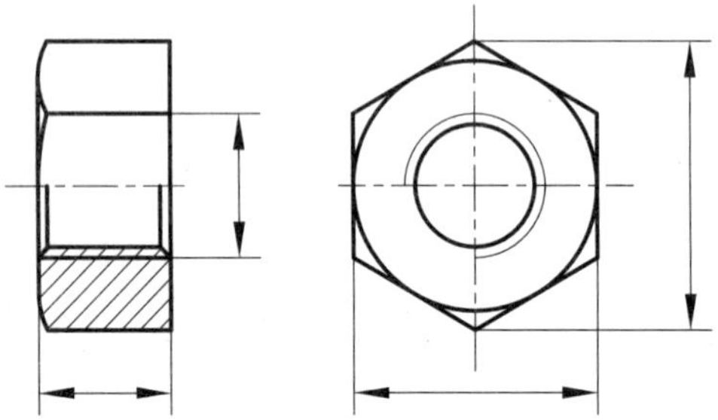

标记：________________

（4）标准系列，公称尺寸d=12 mm的平垫圈（GB/T97.1—2002）。

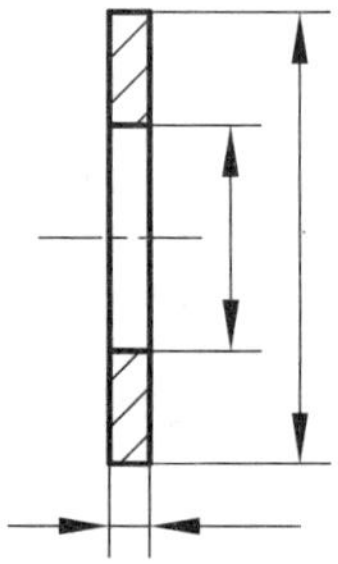

标记：________________

班级： 学号： 姓名： 审阅：

根据标准件规定标记，查表确定螺栓连接件尺寸和样式图，绘制螺栓连接主视图。

已知条件：螺栓 GB/T5780—2000 M20×90；螺母 GB/T41—2000 M20；平垫圈 GB/T97.1-20-140HV；被连接上下两板厚度均为30mm。

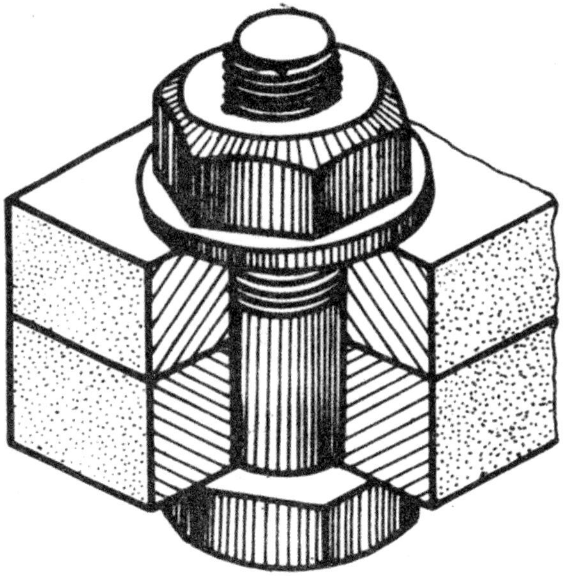

班级：　　学号：　　姓名：　　审阅：

任务指导

1.根据示意图，查表确定该化工设备所用标准零部件的尺寸，并绘制出零配件图。

2.选择表达方案，根据设备总体尺寸及化工设备装配图格式，选择比例和图幅。

3. 布图，绘制底稿：

（1）根据装配图中表格格式要求，绘制出图框线，将各表格布置在合适位置，再画出主、左视图的定位基准线。

（2）画主、左视图：先画出主体结构即筒体、封头，在完成壳体后，按装配关系依次画出接管口、支座等外件的投影。

（3）最后画局部放大图。

（4）检查校核，修正底稿，加深图线。

4. 在已画出的化工设备图形上标注尺寸，包括规格特性尺寸、装配尺寸、安装尺寸、外形(总体)尺寸、其他尺寸。要做到各类尺寸标注正确、完整、清晰、合理。

5.图名为“卧式贮罐V=2.5m^3”。

技 术 要 求

1、本设备按GB/T—1980《压力容器安全监察规程》和JB/T741—1980《钢制焊接容器技术条件》进行制造、试验和验收。

2、本设备全部采用电弧焊，焊接材料、接头型式及尺寸按GB/T985-1980规定，对接接头采用工型，法兰焊接按相应的标准。

3、设备制成后，以0.15MPa水压试验后，再以0.1MPa进行气密性试验。

4、设备外表面涂红色酚醛底漆。

5、管口及支座方位见工艺管口方位图。

技 术 特 性 表

工作压力/MPa	10	工作温度/°C	20
设计压力/MPa	22	设计温度/°C	30
物料名称	混合液化石油气		
焊缝系数	1	腐蚀裕度	3
容器类别	II	容积/m^3	2.5

班级：　　学号：　　姓名：　　审阅：

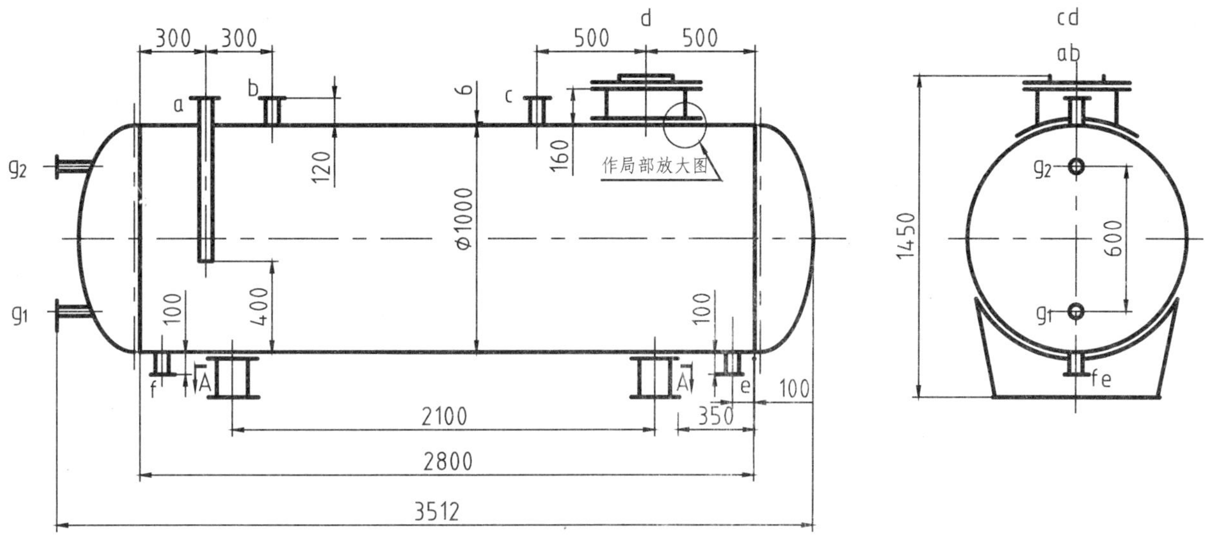

管口表

注：未标接管伸出长度均为120mm

符号	工称尺寸	连接尺寸、标准	连接面形式	用途或名称
a	50	PN1.6 JB/T81-1994	平面	进料口
b	65	PN1.6 JB/T81-1994	平面	备用口
c	40	PN1.6 JB/T81-1994	平面	排气口
d	450	Dg450JB/T577-1979		人孔
e	40	PN1.6 JB/T81-1994	平面	排污口
f	50	PN1.6 JB/T81-1994	平面	放料口
g_{1-2}	15		平面	液面计口

任务3 认识化工设备及化工设备图——拼画化工设备图

班级：　　学号：　　姓名：　　审阅：

查表确定化工设备标准零部件尺寸。

（1）封头$DN1000\times6$ JB/T4737—1995

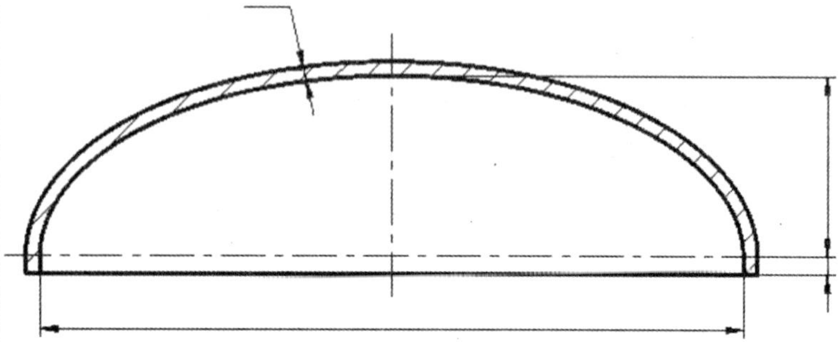

（2）补强圈$DN450\times10$（A） JB/T4736—1995

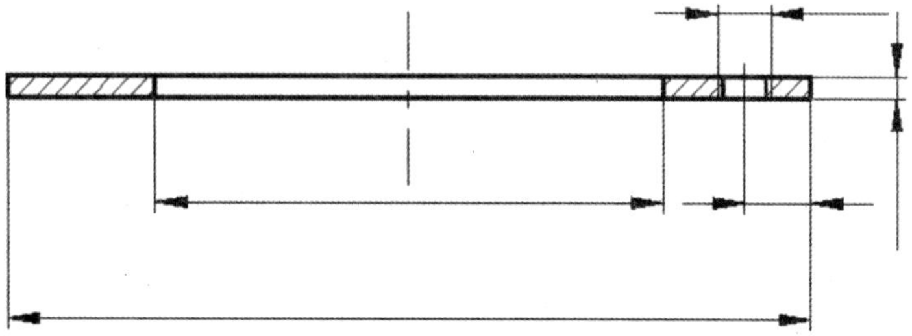

（3）管法兰$DN-PN$ JB/T81—1994

管口符号	a、f	b	c、e	g_{1-2}
PN/Mpa	1.6	1.6	1.6	1.6
接管尺寸/mm	$\phi57\times3.5$	$\phi73\times3.5$	$\phi45\times3$	$\phi18\times2$
DN/mm				
A				
B				
f				
D				
K				
d				
C				
L				

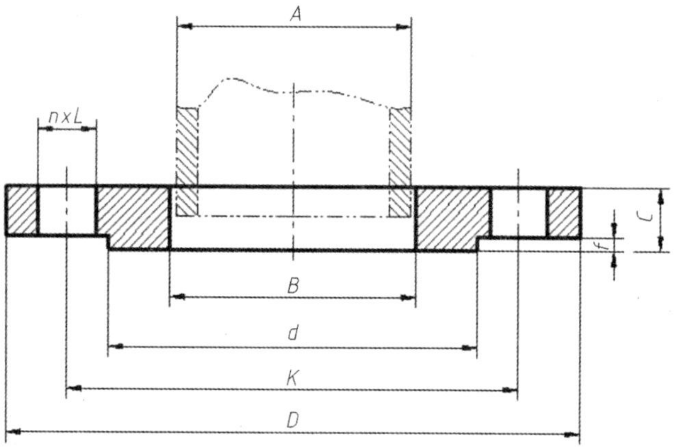

班级： 学号： 姓名： 审阅：

（4）人孔*DN*450 JB/T577—1979

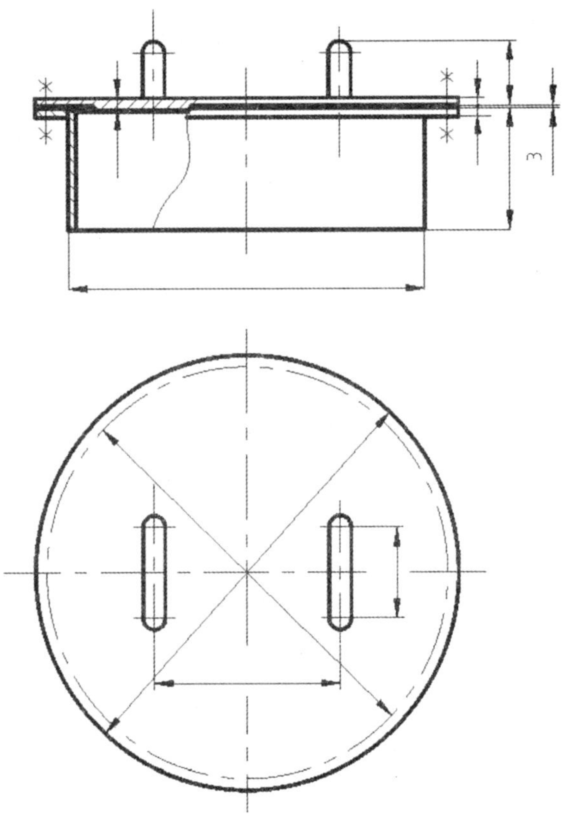

（5）JB/T4712.1—2007 鞍座BI1000-S（材料Q235-A）
JB/T4712.1—2007 鞍座BI1000-F（材料Q235-A）

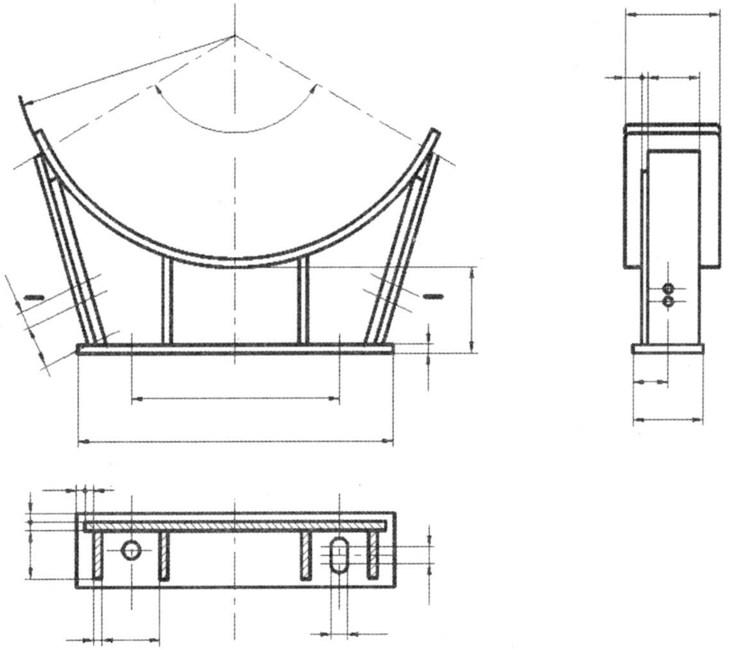

班级： 学号： 姓名： 审阅：

识读冷却塔装配图，回答问题：

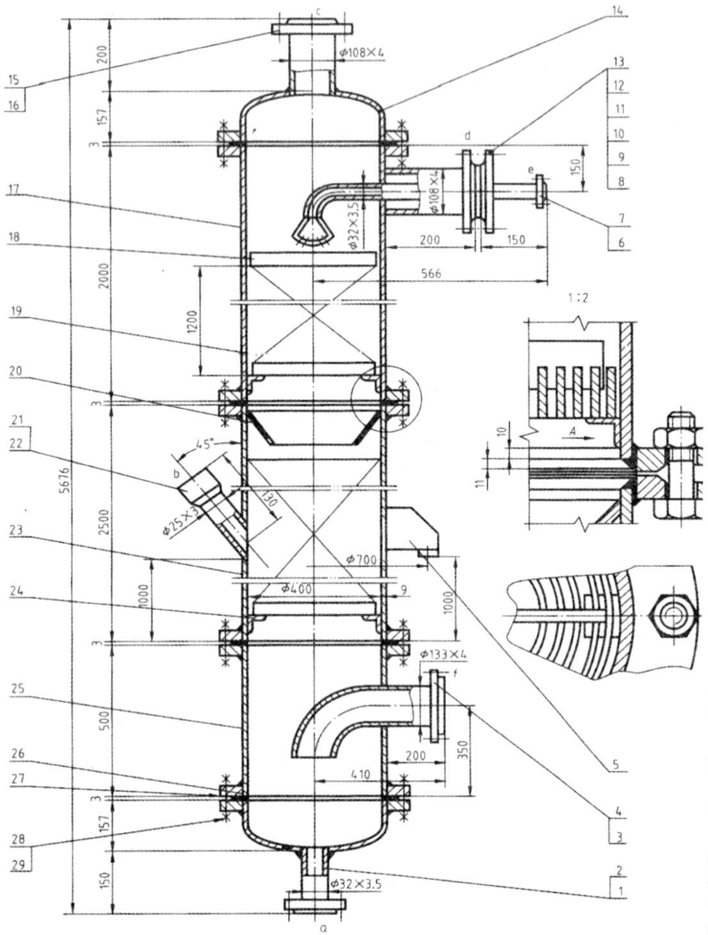

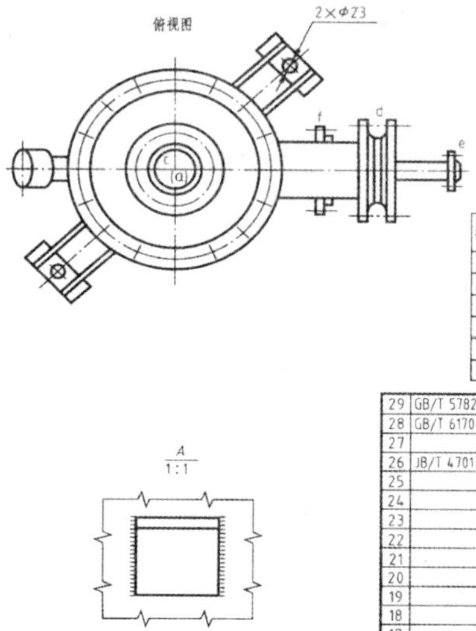

技 术 特 性 表

工作压力/MPa	0.5	工作温度/℃	60～100
设计压力/MPa	0.6	设计温度/℃	120
物料名称	异丁烯		
焊缝系数φ	0.6	腐蚀裕度/mm	1
容器类别	/		
全容积	0.72		

管 口 表

符号	公称尺寸	连接尺寸标准	连接面形式	用途或名称
a	25	GB/T 81—1994 PN1DN25	平面	液体出口
b	20		管螺纹	测温口
c	100	GB/T 81—1994 PN1DN100	平面	气体出口
d	100	JB/T 81—1994 PN1DN100	平面	
e	25	JB/T 81—1994 PN1DN25	平面	液体入口
f	125	JB/T 81—1994 PN1DN125	平面	气体入口

技 术 要 求

1. 本设备按GB/T 150—1998《钢制压力容器》进行制造检收。
2. 焊接材料、对焊接接头形式尺寸可按JB/T 4709—1992中规定，法兰焊接按相应标准。
3. 设备制造完毕后，经0.25MPa表压进行水压试验，合格后再以0.5MPa进行气密性试验。
4. 塔体弯曲度公差小于2/1000塔高，塔高总弯曲度小于15mm，塔体安装垂直偏差不得超过塔高的2/1000，且不大于20mm。
5. 栅板平正安装后的不平度不得超过2mm。
6. 件号24支撑要均布。
7. 喷淋装置安装时，水平差不超过3mm，标高差不超过±3mm。
8. 支座现场安装焊接(位置尺寸工艺定)，管口方位按本图。

序号	图号与标准号	名称	数量	材料	单重	总重	备注
29	GB/T 5782—1986	螺栓 M20×70	64	Q235	0.24	15.36	
28	GB/T 6170—1986	螺母 M20	64	Q235	0.062	3.97	
27		垫片 φ158/108 δ=3	4	石棉橡胶板			
26	JB/T 4701—1992	法兰 400-0.25	8	Q235	11.7	93.6	
25		塔节 L=478	1	20		46.27	
24		支承∠25×25×3 L=30	6	20	0.44	2.64	
23		塔节 L=2478	1	20		229.3	
22		接管 φ25×3 L=150	1	20		0.21	
21		丝头	1	Q235		0.55	
20		截流锥	1	Q235		1.3	
19		瓷环填料 25×12.5		Q235		240	
18		栅板	3	Q235	2.33	7.01	
17		塔节 L=1978	1	20		18.5	
16	JB/T 81—1994	法兰 PN1DN100	1	Q235		4.01	
15		接管 φ108×4 L=205	1	20		2.10	
14	JB/T 4737—1995	封头 DN400×10	2	Q235		37.6	
13		垫片 φ158/108 δ=3	1	石棉橡胶板			
12		接管 φ108×4 L=205	1	20		2.05	
11	GB/T 6170—1986	螺母 M16	4	Q235		7.9	
10	GB/T 5782—1986	螺栓 M16×45	4	Q235			
9	JB/T 81—1994	下法兰 PN1DN100	1	Q235		2.71	
8	JB/T 81—1994	上法兰 PN1DN100	1	Q235		2.71	内孔33
7		喷管	1	20		2.05	
6	JB/T 81—1994	法兰 PN1DN25	2	Q235		1.1	
5	JB/T 4725—1992	支座 B	2	Q235		6	
4		接管 φ133×4	1	20		7.64	
3	JB/T 81—1994	法兰 PN1DN125	1	Q235		5.40	
2	JB/T 81—1994	法兰 PN1DN25	1	Q235		0.55	
1		接管 φ32×3.5 L=155	1	20		0.37	

标记	处数	分区	更改文件号	签名	年、月、日				冷却塔
设计			标准化			阶段标记	重量	比例	
								1:5	
审核									
工艺			批准			共 张 第 张			

班级： 学号： 姓名： 审阅：

识读上页冷却塔装配图，回答问题：

1.从标题栏可知，该设备名称 ________，采用了 ________ 的绘图比例，含义是 ____________ 。由明细栏可知，该设备共由零部件 _____ 种组成，其中标准件_____ 种；由管口表可知有 _____ 个接管口。

2.由技术特性表可知，设备工作压力为 _____ ，工作温度为 _____ ；冷却的物料为 _____ ，全容积为 _____ m^3。

3.基本视图分别是主视图和 ___ ；一个局部放大图（比例为 ___ ）；还有一个放大的局部视图（___图，比例为___）。

4.主视图采用了 _____ 剖视，以表达冷却塔的基本结构、各零部件和各管口的轴向位置和装配关系，并采用了两处 _____ 画法以缩短图形，同时对塔内的磁环填料采用了____ 画法；俯视图属于____视图，主要表达了各____ 和____ 支座的 ____ 方位及分布情况；局部放大图表达了塔节等各零件间的连接、装配和 ____ 情况。局部视图表达了栅板（件 ____ ）支架的焊接情况。

5.设备主体由上封头、三段塔节（分别是件___、件 ___和件 ___ ）和 ___等组成；封头与塔节两端分别与 _____ 焊接在一起。件17（_____）的上部左端接管e是套管式结构，由内管 ___穿过接管 _____ （件12）插入塔内，液体经由喷头向塔内喷淋。

6.冷却塔由两个 ___ 支座固定，其装配尺寸为 ___ ，安装方位与前后对称面成 ___ 时针45° 。

7.塔内共有 ___ 处填料层，分别处在件___和件17塔节内；件17下部填充了高度为1200 mm的___，其上下两端各有一块 ____（件18）以起到疏水作用。

8.塔体直径和壁厚为_____ ，总高_____；上端封头的高为 _____ ；设备安装尺寸为 _____ 。

9.工作原理：低温的液体从___ 管进入塔内喷淋而下，由 ____管流出塔体；热的气体由____ 管进入，从____ 管流出；冷热流体在填料中 ____向流动、互相接触进行热量传递，从而达到热物料的冷却效果。

班级： 学号： 姓名： 审阅：

任务4 识读化工设备图 子任务2 识读换热器装配图

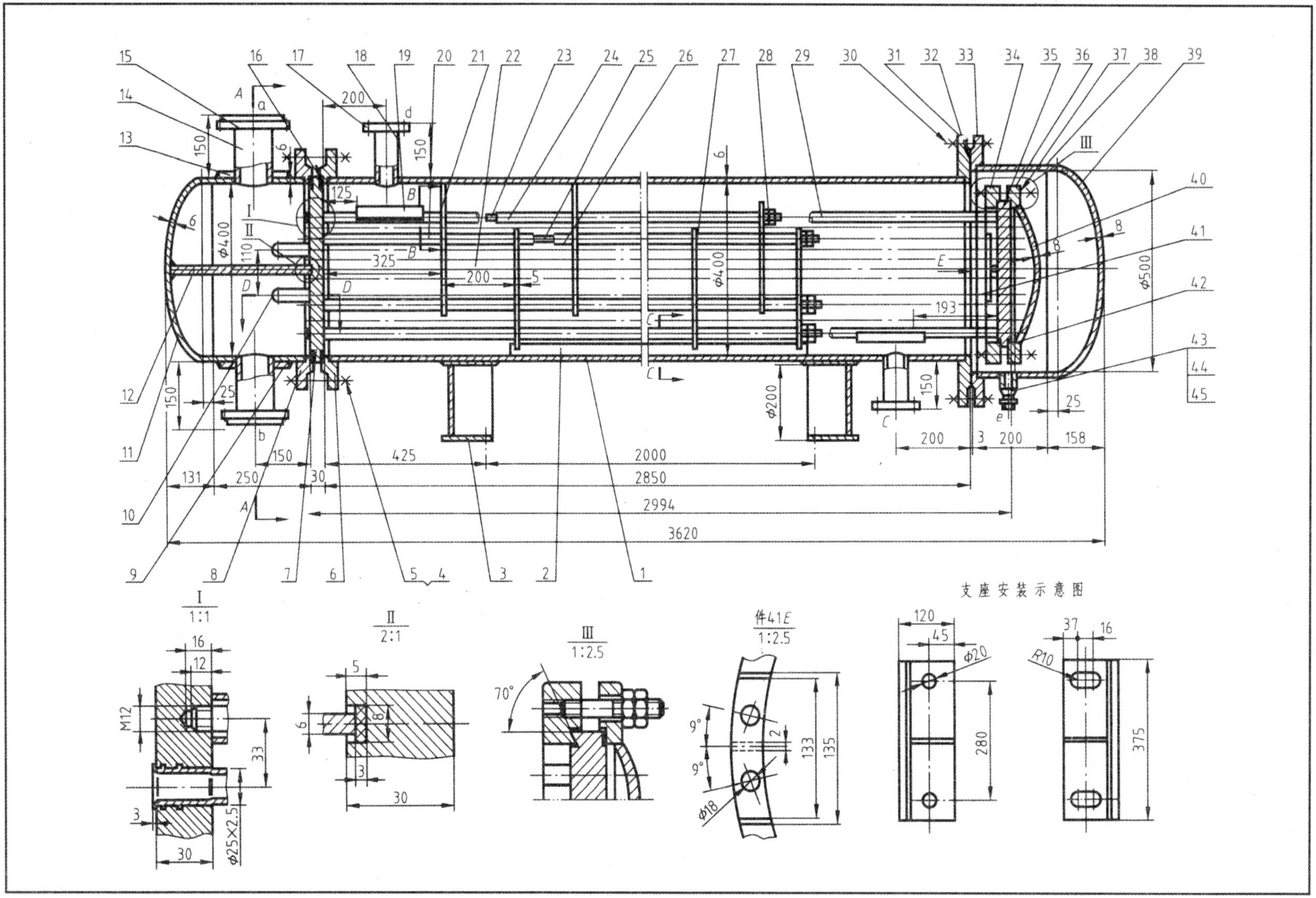

班级：　学号：　姓名：　审阅：

D—D
1:2

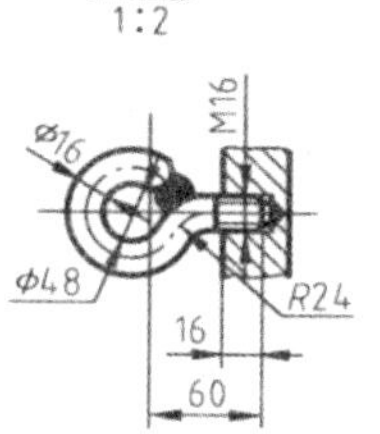

B—B
1:2

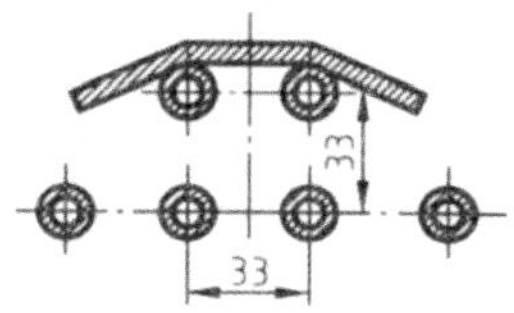

C—C
1:2

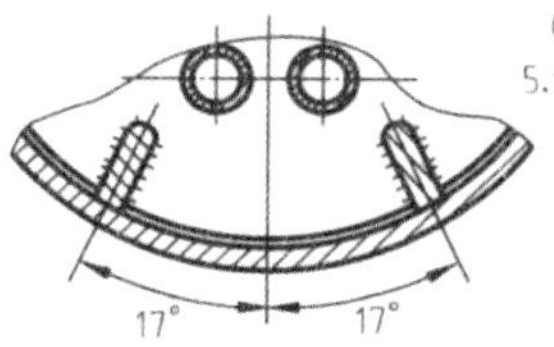

A—A

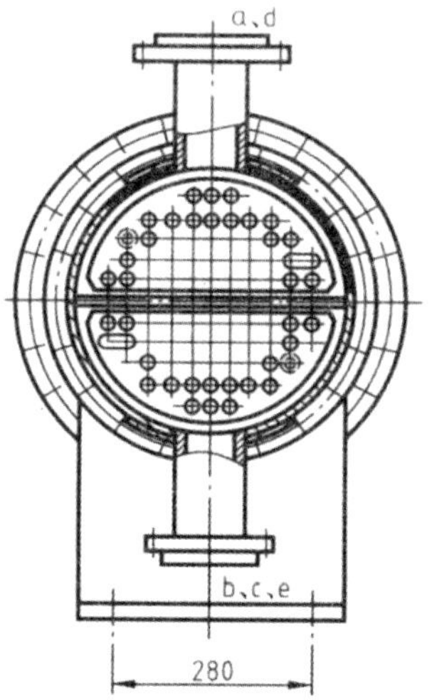

技术要求

1.本设备按GB/T 150—1998《钢制压力容器》和《钢制管壳式换热器技术条件》进行制造检收。
2.焊接材料、对焊接接头形式尺寸可按JB/T 4709—1992中规定。
3.焊缝需进行无损探伤，检查长度为对接焊缝的20%。
4.设备制造完毕后，管程经1.1MPa 表压进行水压试验，壳程以0.42MPa表压进行水压试验，合格后再以0.7MPa 进行气密性试验。
5.设备检验合格后，外涂红丹两遍。

技术特性表

管程压力/MPa	0.88	管程温度/℃	140
壳程压力/MPa	0.33	壳程温度/℃	32
物料名称	裂解中油，过程水		
焊缝系数Φ	0.85	腐蚀裕度/mm	1.5
容器类别	/		
换热面积/m²	15		

管口表

符号	公称尺寸	连接尺寸标准	连接面形式	用途或名称
a	80	JB/T 81—1994	凹凸	裂解油进口
b	80	JB/T 81—1994	凹凸	裂解油出口
c	50	JB/T 81—1994	平面	过程水进口
d	50	JB/T 81—1994	平面	过程水进口
e	25		螺纹	排污口

序号	图号与标准号	名称	数量	材料	单重	总重	备注
45		螺塞 DN25	1	Q235-A			
44		垫片 δ=3	1	石棉橡胶板			
43		凸缘 PN1.6DN25	1				
42		垫片 δ=3	1	石棉橡胶板			
41		连接板 δ=20	2	Q235-A			
40		球形盖 δ=8	1	Q235-A			
39	JB/T 4737—1995	封头 DN500×6	1	Q235-A.F			
38		筒节 Φ500×6	1	Q235-A			
37	GB/T 5782—1986	螺栓 M16×130	20	Q235-A			
36		浮头法兰 δ=30	1	Q235-A			
35		浮头管板 δ=30	1	Q235-A			
34		浮头勾圈 δ=45	1	Q235-A			
33	JB/T 4701—1992	法兰 G6-500	1	Q235-A			
32		垫片 δ=3	1	石棉橡胶板			
31	JB/T 4701—1992	法兰	1	Q235-A			
30	GB/T 897—1986	双头螺栓 M16×130	24	Q235-A			
29		列管 Φ25×2.5	68	10			
28		螺母 M12	8	Q235-A			
27		折流板 δ=5	6	Q235-A			
26		定距管 Φ25×2.5	22	10			
25		拉杆 Φ12	3	Q235-A			
24		定距管 Φ25×2.5	10	10			
23		拉杆 Φ12	1	Q235-A			
22		定距管 Φ25×2.5	1	10			
21		折流板 δ=5	6	Q235-A			
20		定距管 Φ25×2.5	3	10			
19		防冲板 δ=6	2	Q235-A.F			
18		接管 Φ57×3.5	2	20			
17	JB/T 81—1994	法兰 PN1DN50	2	Q235-A.F			
16		垫片 δ=3	2	石棉橡胶板			
15	JB/T 81—1994	凹凸法兰 PN1DN80	2付	Q235-A.F			
14		接管 Φ45×3.5	2	20			
13	JB/T 4736—1995	补强圈 DN80×6	2	Q235-A.F			
12		隔板 δ=6	1	Q235-A.F			
11	JB/T 4737—1995	封头 DN400×6	1	Q235-A.F			
10		吊环 Φ16	1	45			
9		筒节 Φ400×6	1	Q235-A			
8		管箱法兰	1	Q235-A			
7		固定管板 δ=30	1	Q235-A			
6	JB/T 4701—1992	法兰 G6-400	1	Q235-A			
5	JB/T 6170—1986	螺母 M16	128	Q235-A			
4	GB/T 5782—1986	螺栓 M16×110	20	Q235-A			
3	JB/T 4712—1992	鞍座 B1400-F.S	2	Q235-F			
2		滑板	2	Q235-F			
1	JB/T 4737—1995	壳体 DN400×6	1	Q235-F			

标记	处数	分区	更改文件号	签名	年.月.日					换热器
设计			标准化			阶段标记		重量	比例	
									1:5	
审核										
工艺			批准			共 张		第 张		

班级：　　学号：　　姓名：　　审阅：

识读上页换热器装配图，回答问题：

1.从标题栏可知，该设备名称________；由明细栏可知，共有零部件________种，其中标准件________种；由管口表可知有________个接管口。

2.由技术特性表可知，设备壳程压力为________，壳程温度为________；管程压力为________，管程温度为______；管程内介质是________，壳程内介质是________；腐蚀裕度为________mm；工程换热面积为________m^2。

3.基本视图分别是主视图和左视图（_____）；还有三个_____（Ⅰ、Ⅱ、Ⅲ）；一个放大的局部视图（_____）；三个放大的断面图（*B—B*、*C—C*、*D—D*）；一个支座安装示意图。

4.主视图采用了_____剖视，以表达换热器的基本结构、各零部件和各管口的轴向位置和装配关系，并采用了______画法以缩短图形，同时对换热管束采用了_____画法；左视图采用*A—A*全剖视，既表达了各管口的_____，又表达了_____的分布情况；各局部放大图、断面图分别表达了各零件间的连接、装配和焊接情况。

5.设备主体由_____、管箱、_____和浮头等组成；筒体左右两端与_____焊接在一起；左管箱由一段圆筒形筒节（件_____）和封头（件_____）焊接而成，上下各一接管，中间有隔板（件____）；右端管板用浮头勾圈（件___）与浮头法兰（件___）及球形盖（件_____）连接，组成管程的封闭腔；右侧封头（件_____）、筒节（件_____）与凹面法兰（件_____）焊接，组成换热器壳体的整体。

6.筒体内共有列管共有_____根，两端固定在左管板和右浮头管板上；弓形折流板____块，由定距管和拉杆控制连接；鞍座和接管法兰均为_____。

7.壳体直径和壁厚为_____，长_____；右端封头的公称尺寸为_____；列管直径和壁厚为_____，长度_____；折流板间距为_______，设备总长_______。

8.工作原理：裂解中油从___管进入换热器，先经过上半部的列管流向______端，在球形盖的封头内回流至下半部列管。最后从左端管箱_____方的_____管流出；过程水由_____管进入设备壳内流经折流板后由______管排出。通过列管的管壁，裂解中油与过程水进行热量交换，从而降低了出口温度。

班级：　　　学号：　　　姓名：　　　审阅：

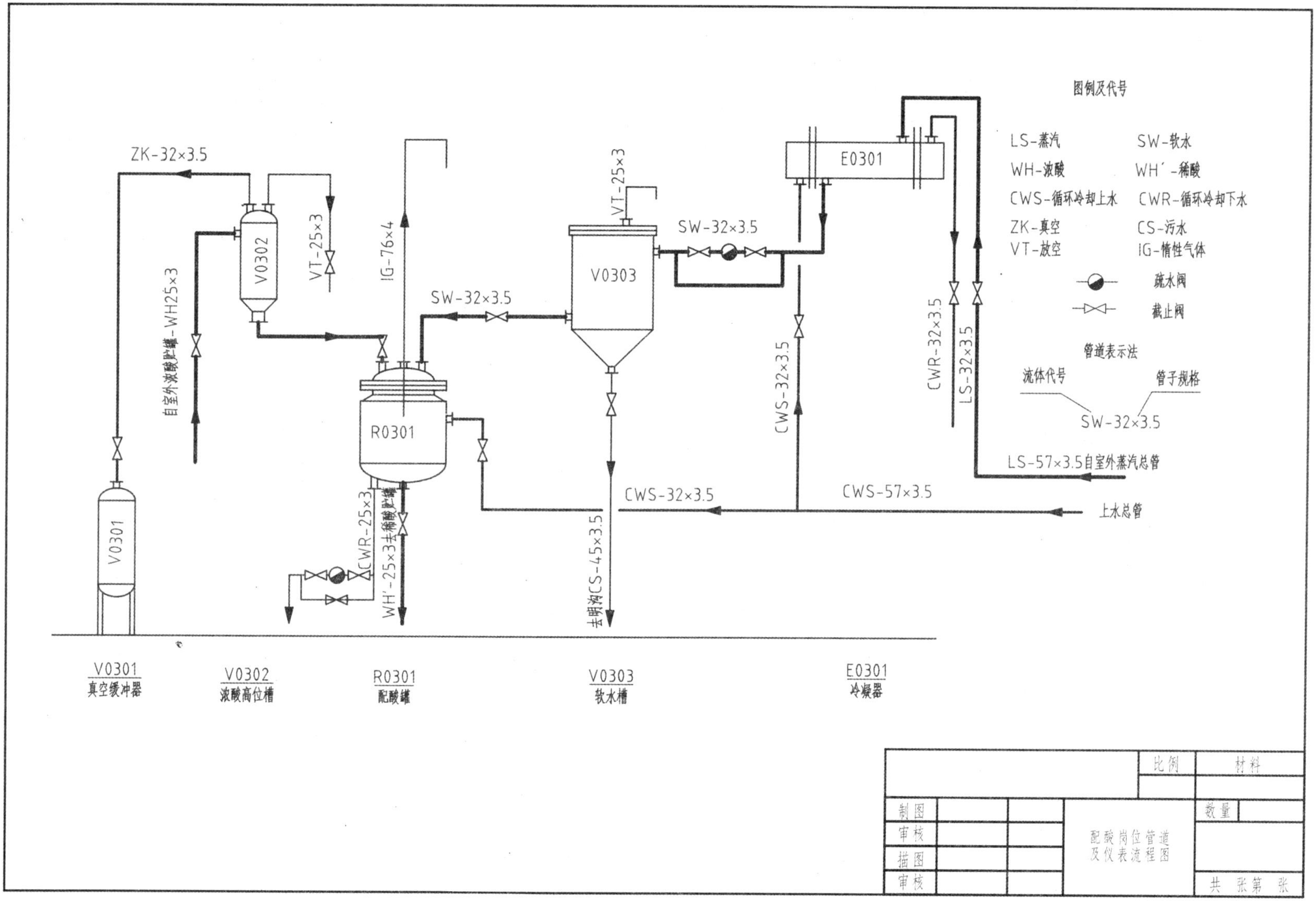

图例及代号
LS-蒸汽
SW-软水
WH-浓酸
WH′-稀酸
CWS-循环冷却上水
CWR-循环冷却下水
ZK-真空
CS-污水
VT-放空
IG-惰性气体
疏水阀
截止阀
管道表示法
流体代号
管子规格
SW-32×3.5
ZK-32×3.5
VT-25×3
IG-76×4
VT-25×3
SW-32×3.5
SW-32×3.5
E0301
V0302
V0303
R0301
V0301
自室外浓酸贮罐-WH25×3
CWS-32×3.5
CWR-32×3.5
LS-32×3.5
LS-57×3.5自室外蒸汽总管
CWS-32×3.5
CWS-57×3.5
上水总管
CWR-25×3
WH′-25×3去稀酸贮罐
去明沟CS-45×3.5
V0301
真空缓冲器
V0302
浓酸高位槽
R0301
配酸罐
V0303
软水槽
E0301
冷凝器
比例
材料
制图
审核
描图
审核
配酸岗位管道及仪表流程图
数量
共 张第 张

班级： 学号： 姓名： 审阅：

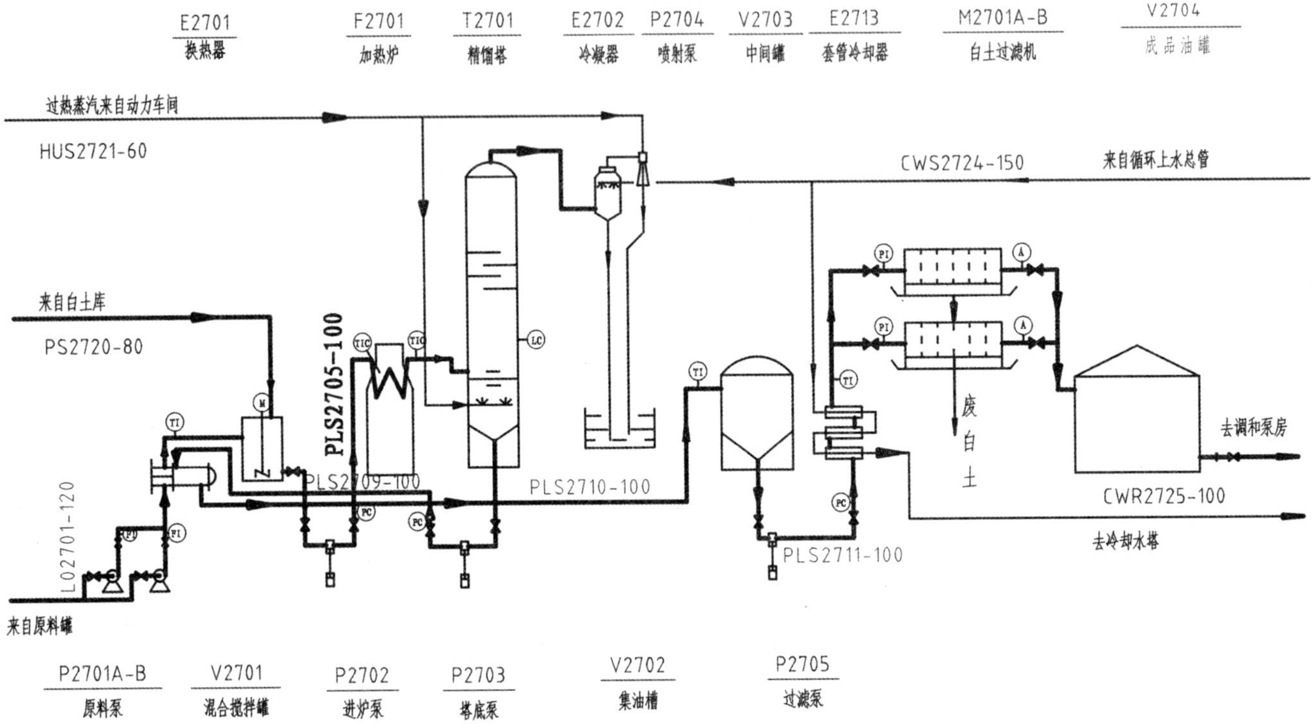

图例

物料： PS工艺固体 PLS固液两项工艺物料 LO润滑油 HUS高压过热蒸汽 CWS循环冷却上水 CWR循环冷却下水

仪表： F流量 P压力 T温度 I指示 C控制 A取样分析

⋈ ← 截止阀

润滑油精制工段管道及仪表流程图			比例	材料
			1:10	
制图		单位名称	图号	
审核			共 张 第 张	

班级： 学号： 姓名： 审阅：

识读上页工艺流程图，回答下列问题：

1.由标题栏可知，该岗位为________工段，工段号为________；该岗位共有________台设备，其中动设备________台、静设备________台。

2.来自________的原料油与________介质，在________设备内混合搅拌，去圆筒炉加热后送入________设备进行精馏。

3.原料混合前在________设备内与________油通过热量交换进行预热。

4.白土与润滑油混合后，吸附了润滑油原料中的机械杂质、胶质、沥青质等，再通过________设备进行分离。

5.影响润滑油使用性能的轻质组分被塔底吹入的________携带到塔顶，通过________和________设备抽入________槽进行回收。

6.来自________的冷却水分为________路，一路去________进行喷淋，另一路经过________设备后，去________塔。

7.在离心泵出口，就地安装有________仪表；在往复泵出口，就地安装有________仪表。

8.原料油与白土混合后，进入________设备，在该设备内外均装有仪表，用来测量并________其参量。

班级：　　学号：　　姓名：　　审阅：

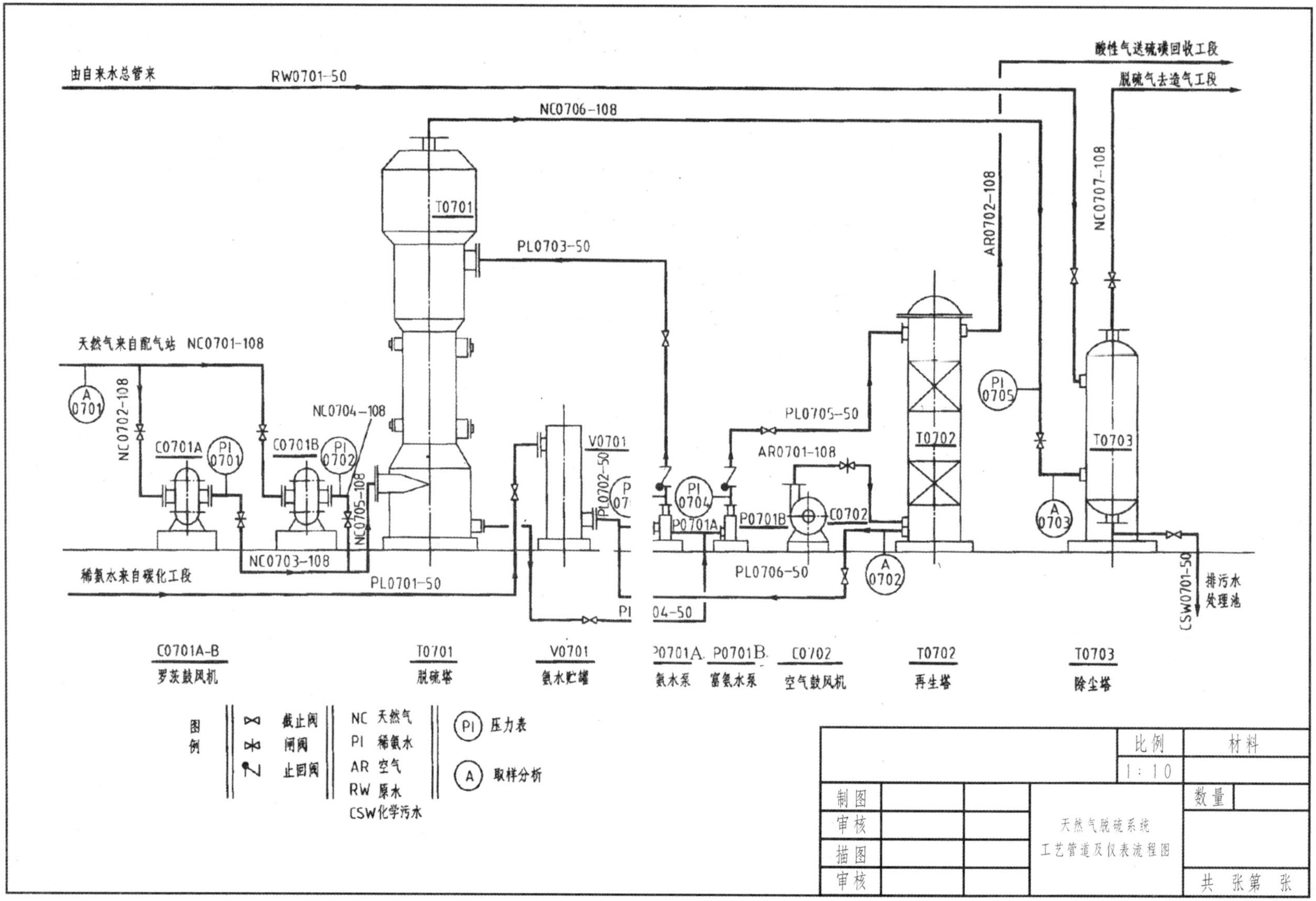

由自来水总管来
RW0701-50
NC0706-108
酸性气送硫磺回收工段
脱硫气去造气工段
T0701
PL0703-50
AR0702-108
NC0707-108
天然气来自配气站 NC0701-108
A 0701
NC0702-108
C0701A
PI 0701
C0701B
PI 0702
NC0704-108
NC0705-108
V0701
PL0702-50
PI 0704
P0701A
P0701B
AR0701-108
C0702
PL0705-50
T0702
PI 0705
T0703
A 0703
A 0702
NC0703-108
稀氨水来自碳化工段
PL0701-50
PL0706-50
CSW0701-50
排污水处理池
C0701A-B
罗茨鼓风机
T0701
脱硫塔
V0701
氨水贮罐
P0701A
氨水泵
P0701B
富氨水泵
C0702
空气鼓风机
T0702
再生塔
T0703
除尘塔
图例
截止阀
闸阀
止回阀
NC 天然气
PI 稀氨水
AR 空气
RW 原水
CSW化学污水
PI 压力表
A 取样分析
比例
材料
1:10
制图
审核
描图
审核
天然气脱硫系统
工艺管道及仪表流程图
数量
共 张第 张

班级： 学号： 姓名： 审阅：

识读上页工艺流程图，回答下列问题：

1.该图样名称 ______________________，绘图比例为 ________；该系统共有 ________ 台设备。其中依次是相同型号的2台（C0701A-B），1台________（T0701），1台 ________（V0701），2台相同型号的 ________ （P0701A-B），还有 __________ 、__________ 、________各1台。

2.从天然气配气站来的原料________，经罗兹鼓风机从 ________ 底部进入，在塔内与________气液两相逆流接触，其天然气中的有害物质硫化氢，经过化学吸收过程，被氨水吸收脱除；然后进入 ___________（T0703），经水洗除尘后，由塔顶蒸馏出来产品 ________，送往 ________ 工段使用。

3.由 __________ 工段来的稀氨水经过 ___________ 管线进入氨水贮罐（位号___________），由 _______（P0701A）抽出后，从脱硫塔上部打入。从脱硫塔底部出来的废氨水，再由富氨水泵（_________）抽出，打入再生塔（_________），在塔中与新鲜空气逆流接触，空气吸收废氨水中的__________ 后，余下的酸性气体去 _______ 工段。从再生塔底部出来的再生 __________ ，先进入 __________ ，再由氨水泵打入__________ ，循环使用。

4.罗兹鼓风机为 ________________ 台并联（工作时一台备用），它是整个系统流动介质的动力。空气鼓风机的作用是从 _____________ 底部送入新鲜空气，将稀氨水里的含 __________ 气体除去，通过 ___________ 管道将酸性气体送到硫磺回收工段。来自 ____________ 的除尘水源从 ____________ 的上部进入。

5.在两台罗兹鼓风机的出口、两台氨水泵的出口和除尘塔下部物料入口处，共有五处有 _________ 安装的 ______ 仪表；在天然气原料来源、再生塔底出口和除尘塔料气入口处，共有三处____________。

6.脱硫系统整个管端上均装有阀门，对物料进行控制。有 ___________ 个截止阀、_______ 个闸阀、两个止回阀，止回方向是由氨水泵打出，不可逆向回流，以保证生产安全。

班级：　　　　学号：　　　　姓名：　　　　审阅：

任务3 识读工艺流程图二

任务1　识读设备布置图一

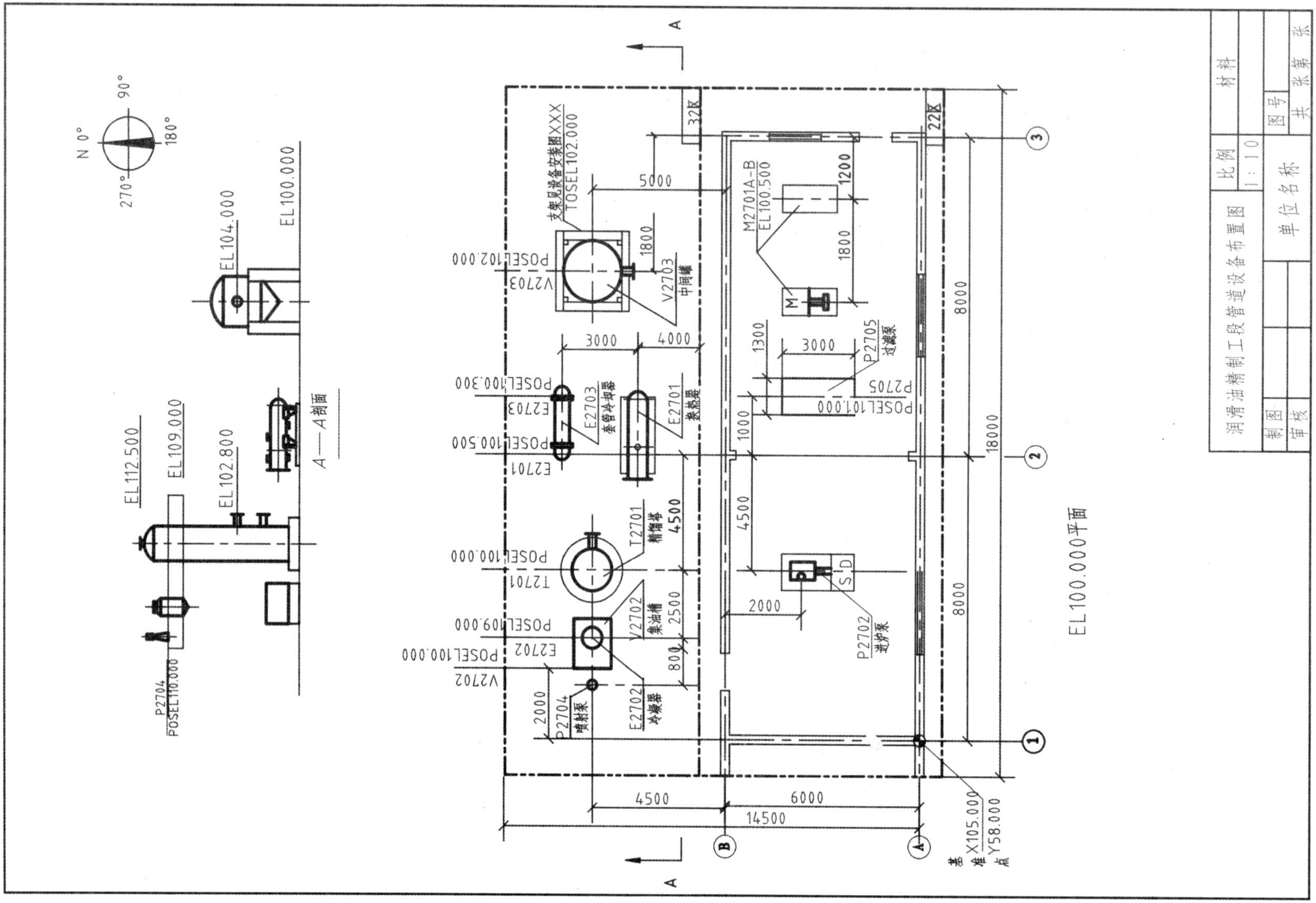

班级：　　学号：　　姓名：　　审阅：

识读上页设备布置图，回答下列问题：

1.概括了解：由标题栏可知，该图为________图，共有两个视图：一个是________图，一个是________图。

2.了解建筑物的结构、尺寸及定位：该图画出了厂房定位轴线________和________，其横向间距为________m，纵向间距为______m。该厂房地面标高为________m。

3.了解设备布置情况：图中一共绘制了________台设备，分别布置在编号为________的塔区和编号为________的泵区。

在厂房内（泵区）安装有________动设备。对照润滑油精制工段管道及仪表流程图，其中有两台蒸汽往复泵，分别是________（P2702）和________（P2705），还有两台________（M2701A、B）。

在厂房外（塔区）地面布置有________台静设备，分别是________（V2702）、________（T2701）、________（E2701）、________（E2703）和________（V2703）。

4.看平面图和剖面图：从平面图可知，两台往复泵（P2702和P2705）的基础尺寸为________×________m，两泵轴线间距为________m。

精馏塔（T2701）的支承点标高是________m，横向定位尺寸为________m，纵向定位尺寸为______m；中间罐（V2703）的支架顶面标高是________m；套管冷却器的支承点标高是________m。

从剖面图可知，真空喷射泵（P2704）和________（E2702）安装在精馏塔顶附近，其标高分别为________m和________m。精馏塔下部的原料入口管口标高为________m，中间罐入口管口标高为________m。

图中右上角有________标，指明了厂房和设备的________基准。

由平面图可知，定位基准点的坐标是________。

班级：　　学号：　　姓名：　　审阅：

任务2 识读设备布置图二

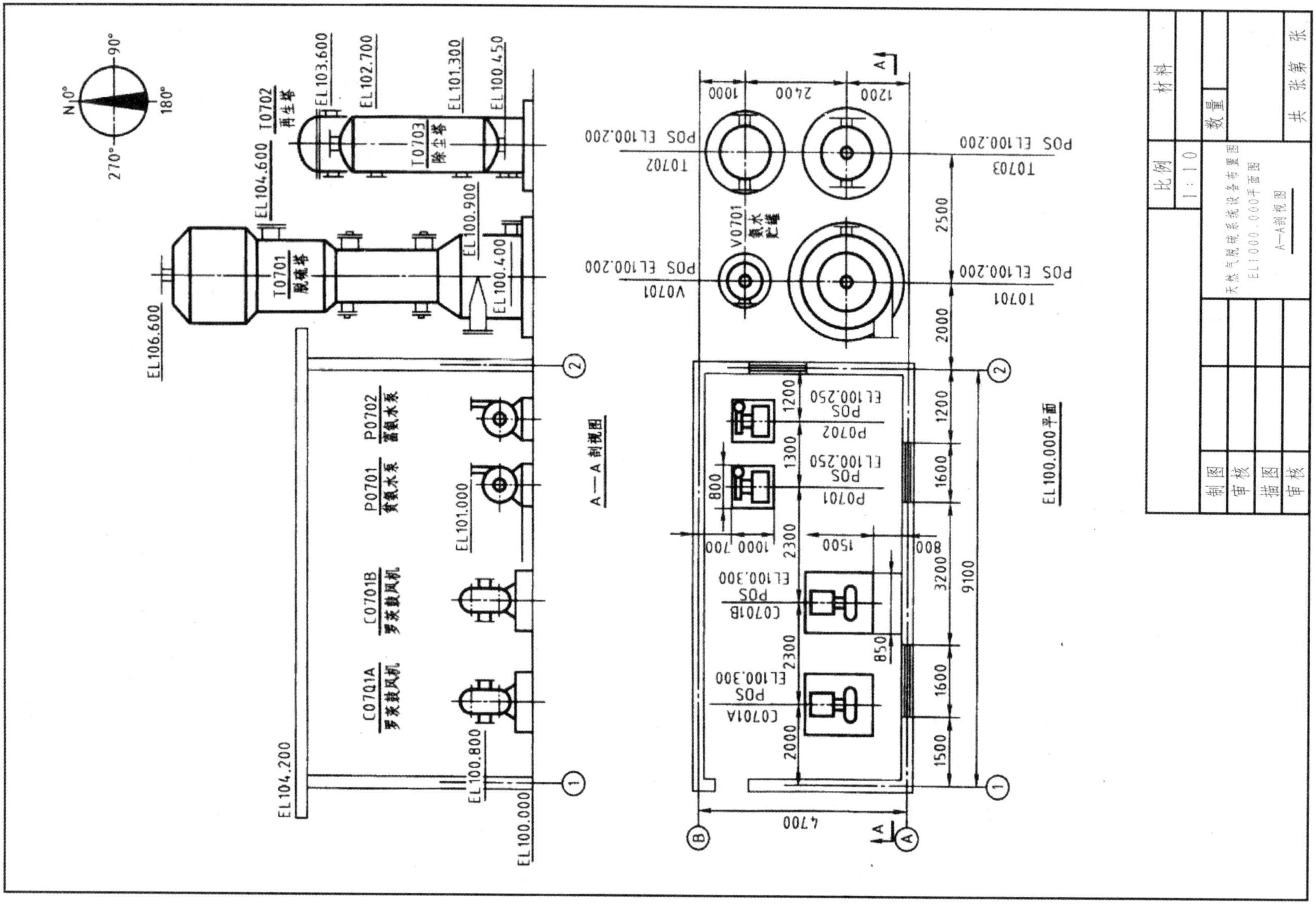

班级： 学号： 姓名： 审阅：

识读上页工艺流程图，回答下列问题：

1.概括了解：由标题栏可知，该设备布置图有两个视图：______图和______图。图中共绘制了______台设备，分别布置在厂房内外。厂房外布置了4台______设备，分别是______（T0701）、______（T0702）、氨水贮罐（V0701）和______（T0703）。厂房内安装了______设备，有2台罗兹鼓风机（位号是______）和2台______（P0701和P0702）。

2.了解建筑物尺寸及定位：图中只画出了厂房建筑的定位轴线______和______。其横向轴线间距为______m，纵向轴线间距为______m。厂房地面标高为______m，房顶标高为______m。

3.掌握设备布置情况：从图中可知，罗兹鼓风机的主轴线标高为______m，横向定位为______m，相同设备间距为______m，基础尺寸为______m×______m，支承点标高为______m。脱硫塔布置在厂房东墙外，横向定位是______m，纵向定位是______m，支承点标高是______m，塔顶高______m，料气入口的管口标高是______m。两台氨水泵布置在据北墙______m的厂房内，其中富氨水泵的横向定位尺寸为______m，贫氨水泵距其______m，两台氨水泵的支承点标高均为______m。氨水贮罐布置在______塔的正北方______m处，其支承点标高是______m。

4.图中右上角的安装方位标（设计北向标志），指明了设备和接管口的______。

班级：　　学号：　　姓名：　　审阅：

1.根据管道的平面图和正立面图，画出其左立面图。

（1）

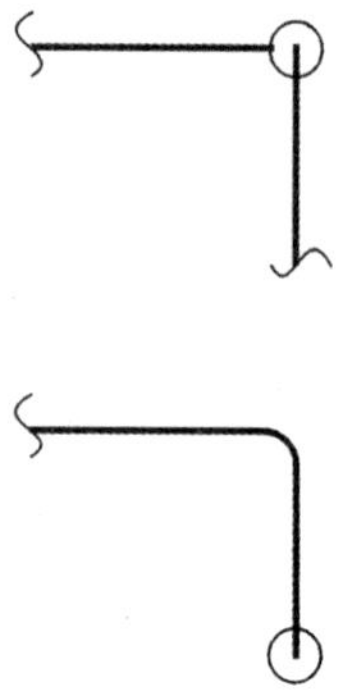

（2）

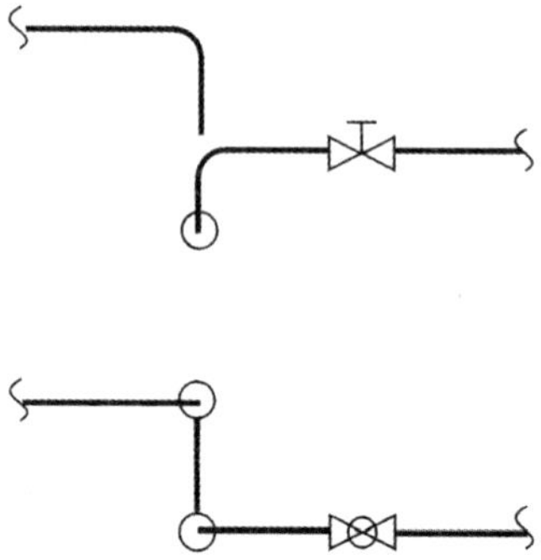

2.根据管道的正立面图，画出其平面图和左立面图(宽度自定)。

（1）

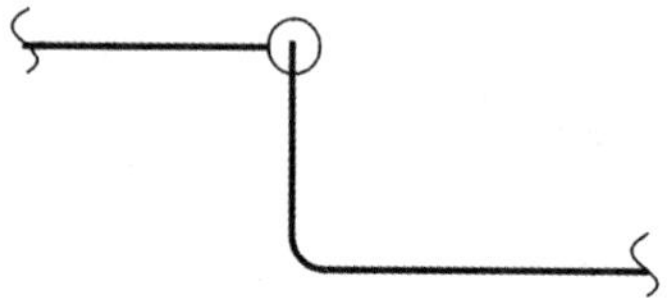

（2）

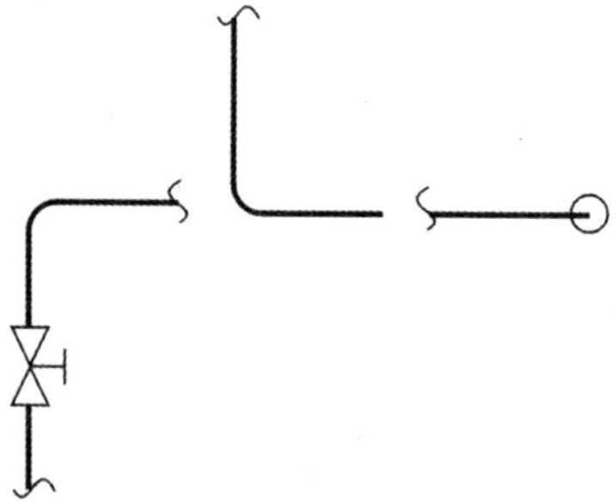

班级： 学号： 姓名： 审阅：

3.根据管道轴测图，画出其平面图和正立面图。

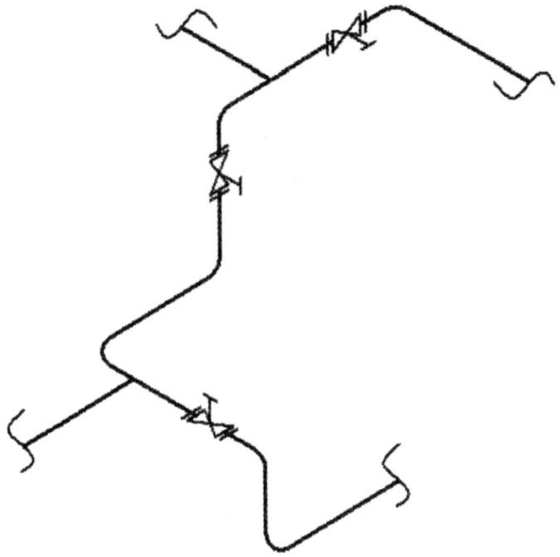

4.根据管道的立面图和平面图，画出管道轴测图。

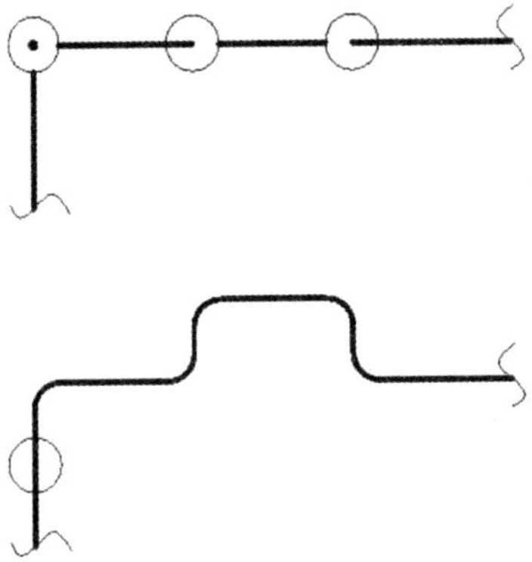

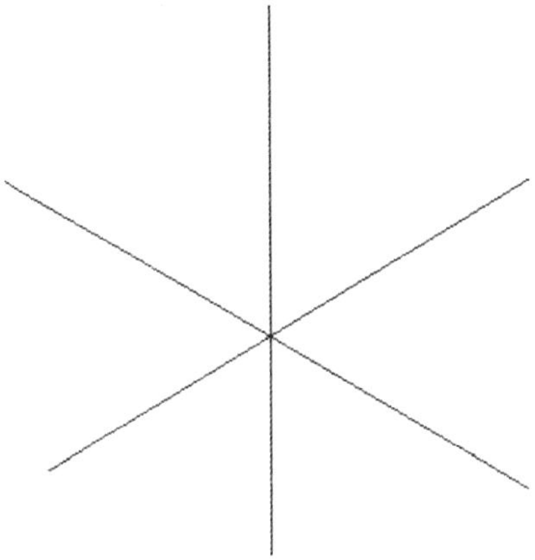

班级：　　学号：　　姓名：　　审阅：

任务2 识读润滑油精制工段管路布置图

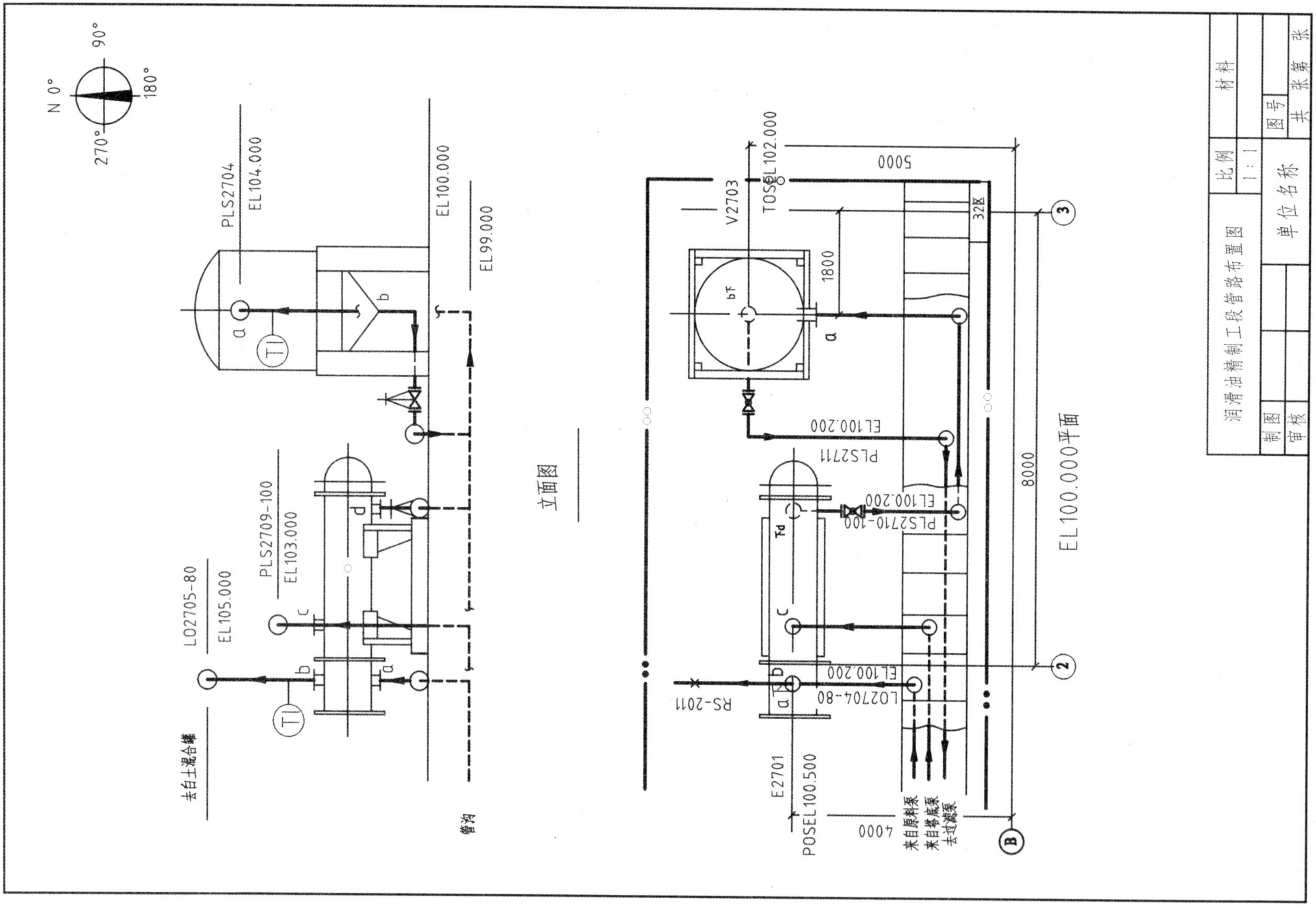
立面图
EL100.000平面
PLS2704
EL104.000
EL100.000
EL99.000
PLS2709-100
EL103.000
LO2705-80
EL105.000
去白土混合罐
管沟
V2703
TOSEL102.000
5000
1800
8000
4000
32区
EL100.200
PLS2711
PLS2710-100
LO2704-80
RS-2011
E2701
POSEL100.500
来自原料泵
来自塔底泵
去过滤泵
润滑油精制工段管路布置图
比例
1:1
材料
图号
共 张 第 张
制图
审核
单位名称
N 0°
90°
180°
270°

班级： 学号： 姓名： 审阅：

识读上页润滑油精制工程管路布置图，回答下列问题：

1.概括了解，明确视图关系：该图为__________区，共绘有________台设备。该图共用了______个视图，分别是_________图和_______图。结合润滑油精制工段工艺流程图可知，该图画出了______设备的______个接管口和______设备的___个管口的管路布置情况。

2.了解厂房相关建筑的构造尺寸：图中厂房有纵向定位轴线_______，横向定位轴线②、③的间距是________m。建筑轴线②确定了_________设备（E2701）容器法兰面的定位，其设备中心线距定位轴线 Ⓑ 为_______m。建筑轴线③确定了______设备（V2703）中心线的位置，其距离为_____m。设备中心线距定位轴线 Ⓑ 为______m。管道布置有架空部分、________部分和________部分。

3.分析管道，了解管道概况：润滑油原料自地沟来，从换热器________管进入，从换热器__________管出来，去____________罐。塔底白土与润滑油混合物料，自塔底泵来，从换热器________管进入，从换热器壳程下部的_______管出来，然后去了__________设备。中间罐底部管道由_______位置去泵房（过滤泵）。

4.详细查明管道走向、编号和安装高度：设备E2701的管口均为______________连接，设备E2701壳程出口编号为PLS2710-100。其管道从出口开始，先向下，沿地面再向________，然后向__________进入管沟，在管沟里向__________，再向上出管沟，然后拐向_________，从设备V2703顶部进入。其管口标高为_________m。设备V2703的底部管线PLS2711，自设备底部向下，沿地面拐向_________，再向_________，然后进入地沟。

5. 了解管道上阀门管件、管架安装情况：设备E2701管程出口管线LO2705-80的标高为___________，经过编号为__________的管架去白土混合罐。在设备___________的入口管线上和设备__________的出口管线上分别安装了________仪表。

班级：　　　　学号：　　　　姓名：　　　　审阅：

参考文献

1.技术制图与机械制图[M]. 北京：中国标准出版社，1996

2.胡建生. 工程制图习题集[M]. 第2版. 北京：化学工业出版社，2004

3.董振珂. 化工制图习题集[M]. 北京：化学工业出版社，2005

4.江会保. 化工制图习题集[M]. 北京：机械工业出版社，2006

5.陈锡峰. 化工机械制图习题集[M]. 北京：化学工业出版社，2009

6.张玉琴，张绍忠，张丽荣. AutoCAD上级实验指导与实训[M]. 北京：机械工业出版社，2003

7.钱可强. 机械制图习题集[M]. 北京：化学工业出版社，2001

8.金大鹰. 机械制图习题集[M]. 第5版. 北京：机械工业出版社，2000